建 筑 艺 术 系 列 丛 书

移天缩地在君襟

皇家园林

策　　划　赵　晨

丛书主编　王其钧

编　　著　丁　山

中国建筑工业出版社

图书在版编目(CIP)数据

皇家园林 / 王其钧主编. 一北京：中国建筑工业出版社，2006
（建筑艺术系列丛书）
ISBN 7-112-08685-X

Ⅰ.皇... Ⅱ.王... Ⅲ.古典园林－园林艺术：建筑艺术－中国－
古代 Ⅳ. TU986.5

中国版本图书馆 CIP 数据核字（2006）第 135811 号

本书插图未经许可不准以任何理由刊用

策　划：赵　晨
责任编辑：张振光　费海玲
装帧设计：王其钧　刘　薇
责任校对：邵鸣军　王金珠

建筑艺术系列丛书

皇家园林

丛书主编　王其钧

编　著　丁　山

*

中国建筑工业出版社出版、发行(北京西郊百万庄)
新　华　书　店　经　销
北 京 嘉 泰 利 德 公 司 制 版
北京方嘉彩色印刷有限责任公司印刷

*

开本：880 × 1230毫米　1/20　印张：7　字数：200千字
2006 年 11 月第一版　2006 年 11 月第一次印刷
印数：1 — 2500 册　　定价：**48.00**元

ISBN 7-112-08685-X
　　　(15349)

随着国内经济的迅速发展，以及国民文化素质的飞速提高，越来越多的人对建筑文化产生了浓厚的兴趣。中国建筑工业出版社的社长兼党委书记赵晨，一直十分关心建筑文化的普及工作，因此他特地和我谈到他关于编写一套"建筑文化读本系列"丛书的想法。赵晨先生说，假如能够编写一套文字通俗、图片新颖、专业词语较少、专业内容准确，且是面对广大社会读者而不仅仅是专业读者的丛书的话，对于大众建筑文化知识的普及，一定会起到十分积极的作用。我很赞赏赵晨先生的这个策划建议，可以说我两是一拍即合。

西方建筑史在西方艺术史中与其他艺术门类相比，是艺术史学家争论最少的一个学科。尤其是西方古代建筑史，其分类和流派的限定，学者的观点几乎基本一致。这和设计史，尤其是服装史研究领域，学者争论不休的情况大不相同。建筑毕竟是石头书写的艺术，实打实地矗立在那里。而且建筑的发展脉络清晰，前后演进关系明确。相比其他工业领域，建筑技术的发展也相对简单。中国建筑的历史与西方建筑史的情况基本相同，梁思成、刘敦桢等学者20世纪上半叶从国外留学回国后开始奠基研究，并建立了理论框架体系。由于现存早期中国古代建筑的数量很少，因此，从总的方面来看，学者争论不多。对于普通读者来说，介绍中外建筑历史应该说是比介绍其他艺术史相对容易进行的一项工作。

因此，我不仅应允下来赵晨先生的这个要求，而且立即开始着手思考这套丛书的选题分类和内容编写。我个人的观点是，要把中外最具代表性的历史建筑实例介绍给读者。让读者在轻松的状态下，系统地了解国内外优秀的建筑实例和其主要发展历程。这套丛书不是教科书，不追求内容量大和系统全面，而是以让读者在兴趣中了解建筑的知识为目的。为了在较短的时间内完成这一任务，我特地邀请了在江苏、浙江、广东、北京、重庆等地的几位中年学者参与编写，这些学者都在国内外亲自调研过著名建筑，他们有的从事建筑设计，有的从事结构设计，有的从事环境设计，还有的在大学教美术或其他相关课程，也有的人多年从事建筑历史与理论研究。多位学者的加盟合作，使本套丛书的内容更加新颖、丰富和多角度。我们尽力从优美图片和通俗文字的角度追求完美，但这个过程仍然是一个进行时态。尽管我们作了最大努力，但还不是最尽人意。不过，我还是希望大家能喜欢这套丛书。

王其钧

2006 年 4 月于中央美术学院

皇家园林是中国古代建筑中艺术形式最美，观赏性最强的建筑形式之一。

"移天缩地在君襟"的皇家园林真的可以让我们感受到什么是建筑的精髓。无论是去北京的颐和园，还是去北海公园，或者是河北承德的避暑山庄，没有一天的时间，都不可能把其主要景点大致浏览一遍。细心想想，颐和园中的画中游、德和楼、乐寿堂、转轮藏、宝云阁，北海中的团城、静心斋，避暑山庄中的烟波致爽、小金山、文渊阁、烟雨楼等园中景点或园中园，哪一个不可以单独构成一个小型园林？时间的因素和巨大的尺度，使得皇家园林在气魄和空间上，首先把人震撼。这就给人以极大的兴趣去游玩和探索。

从设计角度来看，皇家园林中有排云殿、烟波致爽殿、听鹂馆、画舫斋这样有明确中轴线的建筑组团，也有濠濮涧、谐趣园、文园狮子林这样大园之中相对独立的小园林，还有佛香阁、白塔、香岩宗印之阁、四大部洲这样的佛教寺院，也有南湖岛、琼华岛、月色江声等尺度很大、景点很多的湖中岛屿。

从绝对尺度这个角度来说，十七孔桥是中国园林中最长的桥，颐和园长廊是中国园林中最长的长廊，廓如亭是中国古代建筑中最大的亭子，清晏舫是中国园林中最大的石舫，德和楼是中国园林中最大的戏台。

"一池三山"这种古老的皇家园林的营

建传统，包含了帝王寻宝的传说故事。仙人承露台的铜人石柱，使人想到秦皇汉武的英雄气魄。知鱼桥形象讲述了庄子与惠子辩证哲理的文人典故。文津阁的暗层书库中，保存了《四库全书》和《古今图书集成》两套中国大型综合性图书。烟波致爽殿中，咸丰皇帝签订了丧权辱国的《北京条约》。圆明园的焚毁明确标志着清朝统治的衰败。所以，皇家园林和中华历史与中华文化紧密相连。

丁　山

2006 年 7 月于南京林业大学

目 录

中国是世界文明古国之一，历史文化源远流长，深刻影响着东西方艺术文化的发展。建筑艺术作为中国文明的重要标志之一，凝聚着中华民族智慧的结晶，从建筑造型、结构形式到色彩与装饰都极富中国文化自身的特点，形成了有别于西方的独特的建筑艺术和建筑文化。

在众多的中国古建筑艺术领域中，中国园林建筑在技术和艺术上共同发展，形成中国古建筑中艺术性最高的独特体系，而且在中国古代建筑的众多形式中极具代表性。不仅体现建筑艺术，更是融文学、绘画于一体的综合艺术类型。同时也贯穿整个中国建筑艺术发展的全过程。

在中国园林建筑的体系中，皇家苑囿、私家园林和寺观园林形成了三大类型，其中皇家园林无论是从外观的皇家气势和内在精致设计上都要高出许多，是中国古代园林建筑的精华，也最能反映出建筑的水平高超。因此成为中国

普天之下莫非王土
皇家园林历史

历史文化

[宋·《山水卷》中的园林]

远处绵延起伏的群山，广阔无际的水面，让人眼界开阔，心境明朗。近处的枯树已展露嫩叶，透露着春天的气息；山石水面上架起一座流水小桥，小桥的尽头搭建几间小巧的茅草房，一家人正围在一起吃饭喝茶。一幅优美的山水画卷，充满浓郁的山林田园意境。

▼ 宋·《山水卷》

古代园林建设中最具代表性的园林建筑。

我们都知道皇家园林是皇帝居住、游玩的场所，是归属于皇帝个人和皇室所有，它是在皇帝王权的出现后才形成的，是依封建社会的最高社会地位和权力作为建筑形式依据的，古书里记载的苑、苑囿、宫苑、御苑和御园都是我们现在所称的皇家园林。

从最初秦汉时期形成的统一中国的局面以来，一直到明清的整个封建社会的进程中，在大多数时期，国家实行了统一的治理，由中央集权的封建帝国、封建社会和等级制度形成了一个等级森严的社会体制，所以有关皇帝的一切建筑都是等级最高的形式。皇家园林也不例外，是利用总体的规模和外观的气势来显示皇权的高贵。

▲ 宋·《山楼来凤图》

皇家园林在历史的发展过程中不断受到当时社会所流行的文化、艺术思潮的影响，在注重建筑美的同时也追求和自然美的统一融合。

魏晋南北朝时期，受当时文人艺术的熏陶，皇家园林的建造也开始注重自然山水的情趣。隋唐时期是皇家园林建设的成熟期，这一时期的园林建设规模和建筑技术都达到了一个高潮，在艺术设计方面也达到了前所未有的水平，园林的建造风格也逐渐成形，开始向诗画情趣发展。而到了宋代，皇家园林的造园风格已经很成熟，形成了自然山水意境的风景式园林。接下来的明清，尤其是清代是中国皇家园林的又一个高潮期，历代各朝的建筑技术和艺术在这里得到了统一和升华，是整个皇家园林的鼎盛期，同时中国皇家园林的发展到此也就进入尾声。

[宋·《山楼来凤图》中的园林]

大自然中的山山水水历来是画家们描绘的题材，用自己的画笔将现实中的山水景物，经过自己的想像和审美观，展现出人们理想的山水美景。高山飞雁，古松翠柏，山林之中隐现的楼宇建筑反映了人们已经将自己的住宅与生活融入大自然之中。

早期的园林——商、周时期

中国园林的最初出现于三千年前奴隶社会后期的商末周初时期，当时的园林是"囿"和"台"的结合。

殷商、西周时期，逐渐形成了奴隶制国家，出现了统治阶级，王室开始为自己建造宫苑。文献记载最早的两处园林是殷纣王修建的"沙丘苑台"和周文王修建的"灵囿、灵台、灵沼"。当时的园林还十分简单。纣为自己取乐，让男女裸体在园林中相互追逐，作为其娱乐。

▲ 宋·《雪图》局部

[宋·《雪图》中的园林]

崇山峻岭之间，一座宫殿式的楼殿巍然耸立，依靠巍峨的山峰而建，面向广阔的水面，四周苍翠柏傲然耸立，繁盛茂密，寂静幽深。茫茫雪天里一片银装素裹，更显空灵绝境，在这种环境中建筑房屋宫殿，巧妙地将大自然的景物融为一体，显示出当时人们的思想已经开始走向将建筑与自然美景融合的趋势。

春秋战国时期，也正是奴隶社会到封建社会的转化期，诸国君兴建宫苑的很多，名称见于史载的有"台、宫、苑、圃、囿、馆"等，而以"台"命名的占大多数，这一时期的建筑还称不上是皇家园林，只能算是早期的贵族园林罢了。

生成期的皇家园林
——秦、汉时期

秦汉时期是园林发展的重要阶段，出现了皇家园林。它的"宫"、"苑"两个类别，对后世明清时期的宫廷造园影响深刻。

秦始皇时建上林苑，范围非常大，南面到西安南面的终南山北坡，北面到渭河，东面到宜春苑。在这方圆几百里的范围内，森林繁茂，树木葱郁。

秦朝灭亡，西汉王朝的建立使皇家园林的建筑不断完善。汉武帝在位时，社会经济、政治的繁荣促进了文化艺术等多方面的发展，园林建筑也开始注重功能上的多样和内容上的丰富。汉武帝对秦朝的上林苑进行了扩建。因汉武帝相信神仙之说，便引渭水为太液池，以池为中心建筑假山，分别设蓬莱、方丈、瀛洲象征东海三仙山，这种"一池三山"的建园布局一直沿用到清代，成为历代王朝建造王室宫苑的一种模式。总的来说，这一时期的皇家园林不仅面积很大，而且也越来越注重园林的功能建设；开发园内天然植被，豢养不同种类的动物，在园林内举行大型的宴会和游园活动。

转折中的园林
——三国、两晋、南北朝时期

东汉以后，中国进入了一个动乱时期。社会动荡，战争连绵。文人隐士走向田园，以山水为背景的诗文、绘画相继出现。文人通过文学艺术的手段感受大自然的山水风景，擅

[历代皇家园林的模式]

在中国园林的构成形式上，从早期的自然山水模式到后期的人造山水模式，其中有相当多的变化进程，逐渐形成了叠山理水、植物与建筑互相搭配的独特的中国园林的布局模式。汉代时期形成的"一池三山"的园景布置模式，一直是历代王朝营造官苑时所尊崇的传统布局。

长山水的画家和诗人层出不穷，山水画和山水诗的流行启发了人们对自然界美的鉴赏。由于朝代更迭，国力也均不及秦汉中央皇朝的实力，因而皇家园林的规模都比较小。皇家园林建造的风格也开始注重建筑美和自然美的统一，园中多筑山设水，建置楼阁，园林的建造技术和艺术同时有了很大的提高，为隋、唐时期园林的飞跃发展奠定了基础。

全盛期中的园林——隋、唐时期

在隋唐时期长期统一的局面下，社会稳定，经济和文化的迅速发展，为园林的建设提供了有利条件。在绘画艺术上，隋朝的大画家郑法士和展子虔的山水画，唐朝的吴道子的人物画都有很高的成就，诗人王维尝试水墨山水画。其中一些画家还把园林作为自己的绘画题材，也有把绘画的内容融入到园林的创作中去的。更有些文人画家直接参与园林的设计与营造。这就大大丰富了园林的内在设计和外在构造，体现出园林风格的诗画情意。

隋唐时期的皇家园林已走向多样化，总体上已形成大内御苑、行宫御苑、离宫御苑这三种类型。在建筑上不仅表现出外观的气派，而且更注重园林内部的布局设计。

清·《虞山十景图册》

[清·《虞山十景图册》中的园林]

从这幅画上可以看出，清朝时期，已经将建筑与自然山水景物完全融为一体了，既和谐又统一。山道弯弯曲曲，山峰群峦叠起，树木苍翠茂盛，坐落在山中的建筑已经具有了一定的规模，也许是高官贵族的私人宅第，也可能是皇帝的小型官苑，山顶上有四角亭子，尤其别出心裁。

▲ 元·《汉苑图》

唐东都洛阳的西苑，面积很大，仅次于西汉时的上林苑，它是一座供游玩欣赏的人工山水苑，在筑山、设水及植物配置方面比历代的皇家园林丰富了很多，苑内四个方向各建有小的宫苑，其中还有园中之园，十六座园中的十六院南有人工造湖，称为北海。从史料记载来看，西苑在建造上仍是沿用了"一池三山"的模式。从此可以看出当时中国皇家园林在建筑规模和设计艺术上的巨大成就。

园林的成熟期——两宋、辽金时期

宋代时期中国的建筑艺术在唐朝繁荣景象的基础上继续发展，各方面都有了较大的进步，尤其是文化的发展极大地影响了皇家园林的建造，更接近于大自然山水画的风格。另外园林的单体建筑形式统一而造型又丰富多样。木构建筑技术也在这一时期达到了高峰，并形成以院落为基本模式的建筑群体。这一时期的皇家园林在继唐全盛之后，在规模上和气派上虽不能和唐代皇室相比，但内容和形式却日渐稳定，同时江南民间的私家园林在这一

[元·《汉苑图》中的园林]

排排建筑高高林立，整齐有序，布局严谨，虽然这是元代的画家根据想像来描绘的汉代上林苑，但依据历史资料记载，作为历史上最早出现皇家官苑的秦汉时期，其建筑规模已经具备了这样的气势。建筑随地势层层上升，周围绿荫环抱，最前面建有牌坊门楼，重檐歇山顶，后有台阶顺势而上，高楼叠起，亭台耸立。建筑在最高处的大殿，飞檐挑角，前有抱厦后有围廊，气势雄伟。

时期有了极大的发展，皇家园林的建设也更多地接近了私家园林的风格。

北宋皇家园林中的大内御苑有延福宫、艮岳和后苑三处，其中最后建的也最好的就是艮岳。

▼ 元·《滕王阁图》

艮岳是皇家园林成熟期的标志，是我国古代园林具有时代意义的经典之作。园林西北角引水为"曲江"，仿唐朝建有曲江池，池中筑岛，岛上按传统设有蓬莱堂。宋徽宗亲自参与建园工作。在周详的规划设计后，从全国各地选取优质的千姿百态的奇石来陈设和造山。园内形成的完整的水系，亭阁楼观和园内植物的品种之多，构成了具有浓郁的诗情画意的人工山水园。此外园中还建有各种道庙、乡村民居，更加丰富了园林的功能性。艮岳代表了宋朝时期皇家园林的造园水平。

另外一座皇家园林就是宋室南迁到临安城时建的后苑，是宫城北部的苑林区。由于它地处南方，所以受当地气候的影响，园内多植物花草，颇有景致。在位于临安城的德寿宫，其中后苑分为四个景区，景区的中央有人工开凿的大水池，这个水池也因引西湖之水而得名"小西湖"。

历史文化

[元大明宫中的园林]

隋唐在都城长安建了巨大的皇家宫苑，当时皇室的园居生活更加多样化。最初唐代是继续使用隋代的太极宫。唐太宗时期又在长安城外的东北方向建大明宫。大明宫位于长安禁苑东南的高地上，因此又称"东内"，这是相当于"西内"而言。"西内"是指长安城内的太极宫。大明宫是一座独立的宫城，无论是地理位置还是气候条件都更适宜居住和掌管朝政，之所以在唐高宗以后就以大明宫代替太极宫作为朝官也许就是这个原因吧。大明宫的南半部分为宫廷区，北半部分为苑林区。其中最中心的区域是面积在1.6公顷以上的"太液池"。池的中心是蓬莱山，山顶建亭观景。沿太液池的岸边还有四百多间游廊。

园林的成熟期——元、明、清时期

元、明两代在园林的建造上没有太大的发展，尤其是明朝开国皇帝朱元璋曾谕："至于台榭苑囿之作，劳民财以为游观之乐，朕决不为之"。经元、明两代短期的低落过渡就到了清代，园林的建设迎来了一个新的高潮。统一稳定的政治局面和雄厚的经济实力为清王朝造园的规模和数量奠定了基础。清代无论在整体建筑上还是艺术设计上都是中国皇家造园史上的一个高峰期，同样也是我国古代园林发展史的最后一个繁荣时期。在秦汉以狩猎为主的最初的苑囿，到两晋至唐的山庄式的园林，及两宋时期的山水式园林，都为清王朝建园积累了丰富的经验与理论。园林的建造已开始大胆地追求外观的宏大气势和内在的精致华丽。

清·《范湖草堂图》局部

清代的皇家园林建设也经过了发展、鼎盛和衰落三个时期。康、乾鼎盛期的园林建筑最具有代表性，精益求精的造园艺术结合大规模的园林建设，使得皇家园林的宏大气势和华丽变得更加明显。由于皇帝经常外出南行，皇家园林在北方传统的风格上颇受江南私家园林审美和构思上的影响，出现了许多精美的"园中园"，而后又由于清宫廷对佛教文化的重视，皇家园林的建造中出现了不同风格的佛教建筑，促使皇家园林的建造艺术更加丰富多样化。

清代园林在明代的基础上兴建了大量的大内皇家御苑、离宫御苑及行宫御苑。著名的有现存的北海、圆明园、颐和园及避暑山庄。

历史文化

[元·《滕王阁图》中的景观建筑]

枝叶繁茂的大树后面，整座建筑群气势恢宏，飞檐挑角，精巧别致。一座重檐小亭子建筑在石台阶上，周围有护栏环绕，亭外有敞口，靠向水面的一侧两边有台阶踏步。主体建筑随山势层层上升，前有门楼，中间有大殿，建筑的造型和气势也随高低的不同出现了变化，最上面的亭台、屋顶的设计和檐坊的装饰都显得华丽精美，明显突出了在古代建筑中，不管是皇家园林还是文人楼阁，都带有一定的等级观念。

历史文化

[清代离宫御苑]

圆明园、颐和园及避暑山庄均为离宫御苑。被法国大文学家雨果叹为仙境的圆明园,它的第二次扩建是在乾隆帝移居进园之后,不断地修建使园的面积逐渐扩大,园内建筑更加丰富,各种奇石珍宝不计其数,有"万园之园"之称。并与当时的长春、万春合称为"圆明三园"。可惜的是在清末腐败王朝的统治下,圆明园惨遭帝国主义两次抢劫和捣毁,曾经的辉煌化为一片废墟,只留下断垣残迹,孤立的石雕向今天的人们诉说着历史的悲剧。

游廊构成主要建筑,湖水、树木依山而成,勾画出一座具有神秘色彩的皇家园林仙境。

颐和园与圆明园相邻,又名清漪园。从最初乾隆下旨为庆祝其母寿辰开始建园,历经慈禧的两次大规模的整修,虽没逃脱被毁的命运,但仍是我国现存最完善、规模最大、观赏性最强的自然山水式皇家园林。

颐和园,早期被明代文人称为"环湖十里为一郡之胜观"。 它主要由万寿山和昆明湖组成。园中的构思与规划统一,不仅表现在昆明湖上的三岛所呈现出历代皇家园林追求的"一池三山"的仙境模式,主体布局采用了以万寿山为中心景区,突出惟我独尊的皇权形象。在以东宫门和仁寿殿组

▲ 北海堆云积翠桥

西苑,属大内皇家御园。西苑被划分为北海、中海、南海三个相对独立的园林区。它最早起源于辽金,北海琼岛曾是金大都城外的大宁宫。三海景区的建筑主题不同,又各具特色,但在整体上又互相协调,形成了别具一格的三海园林区,在欣赏到皇家园林气派的同时又能感受到不同的情趣魅力。其中三海中最大的是我们今天所看到的经过康熙和乾隆年间两次改建而成的北海。太液池中的琼华岛、圆坻和水云榭都具有一定的象征意义。承早期秦汉建园之风,园林表现出"一池三山"式的布局,它的构思是历代皇家园林建造的传统依据。皇家帝王在拥有政权与财富于一身之后,就企求能够长生不老,并把这种愿望寄予园林建造中。西苑在依照这种模式的同时又不断地加以丰富和完善,园中殿宇、亭台、

成的宫殿区内建有供慈禧看戏的富丽豪华的"德和园"大戏楼,还有仿无锡寄畅园而建的具有江南风格的谐趣园。另外在万寿山的前山部分的以佛香阁为主的佛教建筑,也使佛寺成为园林中的重要景点。排云殿前的艺术彩廊体现出当年造园艺术的精致,让今天的人们无不为之精湛的绘画技术赞叹。在万寿山的后山和后湖,营造出供皇帝游览的皇家园林里特殊的江南水乡买卖街市,名为"苏州街"。宫女太监扮作商铺的行人,攘来拥往,那其中的情趣只有亲自在这街市上逛一趟才能体会得到。

颐和园苏州街

散的布局与景致以求建筑美与自然美的和谐，重点突出自然意境。

行宫区主要是以建筑为主，各大宫殿以中轴对称的布局建成，规模及装饰都不及大内宫苑富丽堂皇，采用了朴素自然的民居形式，仍突出山庄景色的主题。

由于康熙、乾隆喜欢到江南出行，对各地的山水风景不胜喜爱。所以在湖沼区又别出心裁仿造江南名胜的各类景观

▼ 避暑山庄万树园的蒙古包

位于承德的避暑山庄，是清朝最大的离宫御苑。它兴建于康熙时期，乾隆时又进行了重新扩建。占地面积约等于北京圆明园、长春园及万春园三园面积的总和。是清朝历代皇帝避暑、围猎和接见重要使臣的一座大型宫苑。避暑山庄大部分面积为山地，依这种自然特点为主题，各类建筑依山而建，相对来说主体采用中轴对称的布局，建筑群采用自由分

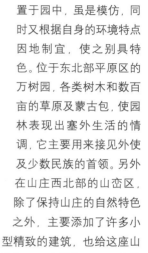

置于园中，虽是模仿，同时又根据自身的环境特点因地制宜，使之别具特色。位于东北部平原区的万树园，各类树木和数百亩的草原及蒙古包，使园林表现出塞外生活的情调，它主要用来接见外使及少数民族的首领。另外在山庄西北部的山峦区，除了保持山庄的自然特色之外，主要添加了许多小型精致的建筑，也给这座山庄增加了不少情趣。而园中佛寺的建筑也成为皇家园林重要的景观。

历代各种造园的技术与艺术在避暑山庄里得到了统一和发展，更多地融入了主观意识与人文审美的因素，自然美与建筑美的完全统一。避暑山庄独特的山居式建筑是皇家园林建造艺术上的融会贯通，也是中国古典园林的最后篇章。

皇家园林占据整个古典园林建筑的历史舞台，这与它精湛的造园技术和独特的艺术是密不可分的，纵观整个皇家园林的发展过程，从气势规模、规划布局、技术设计、选材优良、风格独特等诸多方面向人们展现了它的辉煌。人们的智慧和才能在这里得到了充分的体现，暇想与创造得到了完美的发挥。

历史文化

[清·《范湖草堂图》中的园林]

清朝的山水绘画与宋朝比起来又多了几分的华丽与精致。山水已经不是那么的粗旷、浩大，而是更显得情趣优美。山间的小房子玲珑剔透，灰色的屋顶与淡雅的柱廊显得古朴素洁，亭堂开敞，自由随意，奇形怪状的假山石和流畅的碧水相互映衬，青柳低垂，林间鸟鸣悦耳，一派江南胜景美趣。自然情趣浓厚的意境被皇家园林建筑作为很好的临摹范本。

湖光山色共一阁
颐和园

位于北京西郊的颐和园与圆明园相邻，它的前身名清漪园。始建于乾隆十五年（1750年），至乾隆二十九年（1764年）完成，尔后又经慈禧两次大规模的修建。它占地面积约295公顷，其中山地占1/3，水面占2/3，是一个以水面为主的大型山水园。

颐和园主要由万寿山和昆明湖两个主要区域组成。这里的自然景观极佳，有山，有水，又有西山作为远景的衬托。早期明代文人称此地为"环湖十里为一郡之胜观"。

万寿山在元代称为的瓮山，由山型而得名。而昆明湖的前身也是瓮山前面自然形成的一个大型池沼。

关于万寿山还有一个传说。相传有一老人在山麓曾挖出一个石瓮，所以取名为瓮山。到了明朝，古瓮丢失了，但瓮

山这个名字却因山形似瓮而一直流传。瓮山属燕山山脉，高约60米，是北京西山的支脉，直到1751年，在乾隆帝为母祝寿首次进行大规模的建造时才改瓮山为万寿山。

建筑景观

[颐和园的山与水]

颐和园由万寿山和昆明湖组成，万寿山气势雄浑，山上建筑巍峨。以佛香阁为中心的前后山依中轴线依山构筑，从山脚下的牌楼，依次向上，经排云门、二宫门、排云殿、德辉殿，层层上升，气宇轩昂，组成宏大的前山主体建筑群。东侧有转轮藏、介寿堂和"万寿山昆明湖"石碑，西侧有五方阁和"铜亭"宝云阁。后面与汉藏寺庙建筑智慧海、四大部洲等建筑相辉映。绿树丛茵中还点缀着景福阁、重翠楼、画中游等建筑群组与亭台楼榭。登山远眺，山清水秀，阁耸桥影，远山近景，处处入画。

▼ 万寿山西侧

万寿山东西长1000米，山前为浩瀚的昆明湖面，湖长1930米，宽1600米，是清代皇家园林里最大的水域面积。山后为后溪河，河道弯弯，景色迷人。全园地形一山环水，犹如金鸡独立，又如众星捧月，突出高峰。在乾隆"万寿山即事"诗中提到："背山面水地，明湖仿浙西，琳琅三竺宇，花柳六桥堤"，可看出颐和园的总体规划有仿杭州孤山及西湖之状。

从园局部的景区来看，各个景区是采取中轴对称的方式来安排建筑的。

全园可分为宫廷区、前山前湖景区和后山后湖景区。

宫廷区

　　宫廷区在万寿山东部，这一区域采取对称的形式，由东宫门、二宫门和正殿勤政殿三级建筑构成。是按照宫廷的"外朝"的形制布局的。进入东宫门左右两边是南北朝房和群房，也就是我们所说的门房。二宫门内又设有南、北九卿房。九卿房是"外朝"的重要组成部分。九卿是古代中央政府的九位高级官员的合称，从夏朝设置以来一直沿袭到此。宫廷区属于皇帝处理政务的性质，颐和园是行宫御苑，所以这里布置比较简单古朴，建筑设施也只是象征性的，并没有在这里举行过太多的政治活动。所以，虽然是宫殿，但气势比起紫禁城内可要轻松得多。另外它主要是作为宫门的附属性建筑，是园中至外的

仁寿殿前麒麟

玉澜堂

[德和园大戏楼]

　　德和园大戏楼位于颐和园宫殿区，这里是慈禧看戏的地方，是颐和园中仅次于佛香阁的高大建筑。大戏楼由三层组成，象征天、地、人，三层之间有天井和地井相通，戏台底部有一口深井和四个水池。

▼ 东宫门仁寿殿纵剖面

[颐和园的布局]

　　从颐和园整个园中的构思与规划来看，是采取了圆形向心式的布局。中心是万寿山景区，前有广阔的昆明湖面，后有狭长的后湖湖区，右有宫殿及园中之园的谐趣园，都作为园中的陪衬烘托出万寿山壮观的景色。尤其是万寿山的最高建筑佛香阁，是颐和园最高建筑也是标志性建筑。这样的布局也重点突出了皇家的高高在上、惟我独尊的气势。

庆善堂

17

皇家园林

颐和园

交通要道，位置向东直对圆明园的御路。宫殿区内建有供慈禧看戏的富丽豪华的"德和园"大戏楼，大戏楼总高约22米，戏楼共有三层台面，历时四年建成，是中国目前保存最完整、规模最大的古戏楼。每逢庆典，这里都有演戏。据史记载，光绪二十一年到光绪三十四年，慈禧太后在这里共看戏262天，最多一年中看戏达40天，直到死前35天，还在这里看戏。而且13年间，不少名角都在这里演出，代表中国戏曲艺术水平的京剧也是从这个舞台上逐渐走向成熟的。

▲ 仁寿殿前凤凰

▼ 德和园大戏楼

建筑景观

[仁寿殿]

颐和园东宫门内的仁寿殿，开始称"勤政殿"，建于1750年，光绪时重建改名为仁寿殿。这里是慈禧、光绪坐朝听政地方。殿堂上高悬金字大匾"寿协仁符"，殿内有宝座、龙椅，布置考究，殿堂华丽。殿前一只蹲在须弥座上的铜麒麟最引人注目，它全身光亮，鳞片包裹，龙头狮尾，鹿角牛蹄，形象生动，气势庄重，传说中是象征宝贵吉祥的保护神。

德和园大戏楼戏鼓

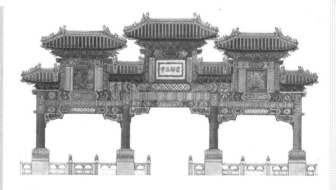

排云殿云辉玉宇牌坊

前山前湖景区

前后山景区是以万寿山山脊为基点划分的。前山前湖区占地有255公顷,占全园面积的88%,是颐和园占比重较大的部分。前山面湖,视野开阔,湖面景色一览无遗,向西远望玉泉山和香山,山峦叠峰,南可瞰农舍田园;东观到畅春园,可为最佳观景区。

前山景区的建筑被视为整个园林的核心,在整个园林设计和规划中占有十分重要的地位。

前山区的建筑群布局整齐,在它的中央部位从佛香阁为中心按中轴线排列,正前方从昆明湖岸的"云辉玉宇"牌楼起,层层上升,排云殿三座院落形成主线。继而又从排云殿的德辉楼上升的石台和衔接处上连到高耸的佛香阁,这里也是整个景的高潮,佛香阁的后部一座牌坊与山顶的佛殿智慧海融为一体,到此也是前山中轴线主线的结束。西侧是宝

建筑景观

[昆明湖]

昆明湖面积221.1万平方米,占颐和园全园面积的四分之三。湖上主要建有西堤六桥、南湖岛、十七孔桥、知春亭、石舫等。白雪皑皑下的万寿山,一派银装素裹,分外妖娆;浩如烟海的昆明湖面碧波荡漾,湖水漫漫,与远处峰峦叠障的西山和宝塔耸立的玉泉山相应成景,组成一幅优美的山水画面。

佛香阁全景图

云阁与清华轩；东侧是转轮藏和介寿堂，分别自成了两条次轴线。而且两条次轴线的位置是完全对称的，这一主两次的轴线形成了山前景区的主要景观，象征皇家的宏伟气势和庄严的排场。

佛香阁之所以选择建在半山腰是从建园的整体规划来考虑的。万寿山山形平淡，佛香阁的高大建筑可以突出重点景观，发挥核心作用，也加强了中央轴线的气势，使整体建筑群

相互协调，富有层次感。另外以佛香阁为顶峰与下方两边的建筑在立面上构成了一个等腰三角形几何形状。另外整个建筑群中的其他建筑也都使用了三角形的关系，由此使整体建筑具有稳定感。同时，这样的布置使山坡被层层的殿堂和楼阁建筑完全覆盖在了里面，设计创造与镇江金山寺的"屋包山"建筑有点儿相类似。当年乾隆皇帝游江南时，看到了这样的景致大为赞赏，并有"望山且无山，胜在屋包山"的评价。后来又借鉴了西藏的山地喇嘛教寺庙中的一些设计布局。

知识百科

[万寿山前山建筑群]

佛香阁是颐和园的标志性建筑，也是山前主体建筑，建在万寿山前山的半山腰处，从台面到宝顶高为 36.44 米，阁的上部高过山脊，通常可以在距佛香阁近千米范围内，可以很清楚地欣赏到它的全貌。佛香阁和排云三殿、左右对称的亭台楼阁及不远处的"画中游"仙景，构成了一幅次层丰富的秀美画面。另外，佛香阁的高度在我国北方现存的古代木结构建筑中居第三位，仅次于山西应县的木塔和河北承德普宁寺的大乘阁。

◀ 文昌阁

▼ 知春亭

▲ 万寿山前山正立面

历史文化

[佛香阁]

佛香阁始建于乾隆十五年（1750年），最初设计仿杭州六和塔筑造，耗费巨资，后来毁于八国联军之手，又几经重建修缮，端庄雄伟的阁式建筑体现了皇家的华丽气派。从排云殿西侧看佛香阁，阁高三层，平面为八角形，四层重檐，攒尖宝顶，黄色琉璃瓦覆盖。阁内原来供有阿弥陀佛，现在供奉铜铸金身千手观音像。佛香阁坐落在20米高的方形白色石台上，用巨石垒叠起114级台阶，形象突出，气势雄伟。

在万寿山的前湖景区的昆明湖。湖水广阔，湖水由西岸及支岸划分成三块水面，以东岸面积最大，近东岸处有南湖岛一座，以著名的十七孔桥与东岸相联。岛上建有涵虚堂、龙王庙、鉴远堂、月波楼等景点。涵虚堂原名望蟾阁，建成于1755年，仿照武昌的黄鹤楼而建，是南湖岛上最大的一座单体建筑。涵虚堂内檐下面悬挂着的一块木匾上书写"晴川藻

景"。出自唐朝诗人崔颢《黄鹤楼》的诗句"晴川历历汉阳树"来赞美涵虚堂周围的山水美景。并使人联想到涵虚堂的建造历史及艺术。

龙王庙算得上南湖岛上最著名的建筑了，也是南湖岛上年代最久的建筑。封建帝王为了祈求风调雨顺，国家太平，都寄希望于龙王身上。这座龙王庙建于明朝期间，原是在西堤中部。昆明湖原有西湖之称，当年乾隆皇帝拓展西湖为昆明湖，有意保留了西堤的这座龙王庙。在原来的基础上把它改建成了昆明湖中最大的南湖岛。所以当时也称龙王为西海龙王。龙王庙门额上刻的"广润灵雨祠"是根据西海龙王的名

▲ 南湖岛

字而命名的。据说，当年北京长时间没有降雨，昆明湖干涸，嘉庆皇帝便来龙王庙拈香祈雨，结果在返回的路上，就听到隆隆雷声，大雨即刻从天而降。事后，嘉庆皇帝便题了这个匾额，并下令以后每年都要官员来此致祭。由此开始，龙王庙的香火一直延续到清朝灭亡。

▲ 昆明湖东岸廓如亭

南湖岛的建成，为昆明湖的整体景色增添了不少光彩，四面环水的地利优势造就了此处的观景佳地。同时，岛北这座涵虚堂，与昆明湖北岸的佛香阁遥相呼应。并与西面两块水域中心的治镜岛和藻鉴岛互相映照，形成三岛鼎列的布局，体现了历代皇家园林所追求的"一池三山"的仙境模式。给人以和谐、统一的园林空间。

皇家园林

颐和园

▲ 南湖岛上涵虚堂

建筑景观

[南湖岛]

　　昆明湖中的一座蓬莱仙岛——南湖岛，由十七孔桥与东岸相连接。十七孔桥是颐和园中最长的桥，桥长150米，宽8米，由十七个孔券组成。南湖岛上有龙王庙、涵虚堂、鉴远堂、澹会轩和月波楼等建筑，岛上青松翠绿，楼阁点缀，周围由碧波荡漾的湖水环绕，风景如画，四季如荫，犹如仙境，当年光绪和咸丰两位皇帝夏天常来此避暑纳凉。

　　在穿越湖心的的西岸，构筑了六座不同形式的桥梁，"西堤六桥"是模仿杭州西湖"苏堤六桥"而建造的。这一带景色空旷，四边都有景，中间有岛，北面仰山，西边远处有山峰，形成层次丰富多彩的画面。

　　佛香阁建在万寿山上，是前山湖景区的主要景点，也是全园的主要景区之一。始建于乾隆十五年（1750年），后又经重修，现在我们看到的是光绪帝按原样重建的。佛香阁的

名字来源于佛经。据《摩诘经·香积品》："有国名众香，佛号香积。其国香气比喻十方诸佛世界之香，最为第一；其界一切皆以香作楼阁。"以此命名意为用来宣扬民俗，祈求国家昌运，让祀神的香气飘到天外。

　　佛香阁作为前山湖景区景点的核心，主要发挥了它的观景效果。利用居高临下的优势将山前建筑及湖面景色尽收眼底。视野开阔，还可望及园外的景色，园内外景色相互衬托，形成了一幅优美的风景画，让人一时忘记是在园中游玩还是在空中赏景。

▲ 十七孔桥

▲ 镜桥

[西堤六桥]

在昆明湖的西岸，沿堤建有六座桥，是仿照苏堤六桥建置的，也称作"西堤六桥"。西堤是乾隆皇帝当年建园时仿杭州西湖苏堤春晓的景观而建的。西堤六桥最北端的是界湖桥，依次为豳风桥、玉带桥、镜桥、练桥和柳桥。初春时节，柳芽吐絮，桃花芬香，漫步昆明湖西堤，无限遐想，犹如畅游在美丽的江南西子湖畔。

清晏舫　　　　　　　荇桥

另外，佛香阁作为全园的核心建筑，在整体气势和建造工艺上也都具有代表性，是全园的画龙点睛之作。高36.48米，建于高21米的石台上。台基由山石堆砌，上面又筑建假山，真假山相间，叠石环绕，突出了雄伟的气势。它是八面三层四重檐的纯木构建筑，八面阁廊分别独成一个院落，三层楼阁的高度自下而上逐渐降低，富有层次感。四重檐最

佛香阁

高处攒尖称为宝顶。每层楼阁都有明窗柱廊，窗柱朱红，而廊柱呈深绿色，红绿相间，在每重檐上都覆盖黄色的琉璃瓦，色彩鲜明，宝贵华丽。阁枋和阁廊上均有彩色雕饰，花鸟山水，龙飞凤舞，气宇轩昂，豪华气派。另外在佛香阁的内部原有阿弥陀佛像，被毁后现供奉铜铸镀金的千手观音。

佛香阁的正前方以排云殿为中心的建筑，设计布局巧妙，由"云辉玉宇"牌楼为起点，建筑沿中轴线一字排开，层层上升，突出主题而又相得益彰。利用山势的坡度，使各座建筑富有层次感，如从牌楼处向上望可感觉这几座院落的庄严气势，当你站在佛香阁向下看时，一排排整齐的建筑又一览无遗。

建筑景观

[廊如亭]

位于昆明湖东南岸的廊如亭，建筑面积有130多平方米，整座亭子由三圈40根柱子组成，其中圆柱24根，方柱16根。重檐攒尖顶，气势雄浑壮观，站在亭中，四目了望，视野开阔，也因此而得名廊如亭。据说园中营造这么大的亭子是有原因的。清朝的皇帝是满族人，祖先是马背上的英雄，为了表示不忘传统的生活方式，所以在皇家园林里，便建起了这种木结构的大亭子，就像是一个大帐篷的形状。当时，皇帝们经常在这里饮酒赋诗，观赏景色。

排云殿云辉玉宇牌楼局部

23

皇家园林

颐和园

▲ 排云门

排云殿"排云"二字出自晋朝郭璞《游仙诗》中"神仙排云出"句。这座大殿是专门为宫中大型的庆典贺寿而建的。排云殿共有三个院落，排列方式采用中轴对称。南北进深115米，东西面阔65米，这里的建筑都像紫禁城内的规模一样，气派很大。在排云殿的宫门与湖前"云辉玉宇"牌楼之间的

知识百科

[云辉玉宇牌楼]

云辉玉宇牌楼，七顶四柱三间式，黄琉璃瓦铺顶，牌楼整体部分镶有精美的彩画，有龙凤呈祥图案，有四季花朵图案，内容丰富，色彩绚丽，精彩夺目，金碧辉煌，牌楼中间的四个大字"云辉玉宇"闪闪生辉。气宇轩昂的"云辉玉宇"牌楼坐落在万寿山脚下，南临昆明湖面，北面向上是规模宏大的排云殿建筑群，就像是排云三殿的门楼，也相当于颐和园前山前湖景区建筑的前奏。

▲ 排云殿东侧芳辉殿

广场上种植有排列整齐的古树，左右两边是象征十二生肖的太湖石，这些石峰都是从无锡畅春园移来的。宫门的两边有从圆明园移来的一对铜狮。这里的布置是很庄重的，但同时由于与湖水相临界，又别具园林的特色。

从排云殿的北门进去为第一进院落，相当于紫禁城内的金水河和金水桥的白石小桥架于方形荷池之上，池边有牡丹花台。东有玉华殿，西有云锦殿。分别面阔七间，相当于外朝房，是平时举行大的庆典时王公大臣们休息的地方。后面配有殿东、西十三间，是职位较低的官员休息的场所，这样的布局显示出皇家王权的等级制度。

▲ 排云殿

建筑景观

[排云殿]

排云殿面阔五间，进深三间，重檐歇山顶，檐下精美和玺彩画与赤红色的大柱子相映成辉，金碧辉煌。整座大殿建筑在白石台阶上，四周有汉白玉的石栏杆，石栏上雕刻精细的云海图案，栩栩如生，工艺精湛。排云殿和分列在两边的配殿紫霄、玉华、芳辉、云锦共同组成排云殿建筑群，气势壮观，建筑辉煌，是颐和园内规模最大的建筑群。在蓝天、白云的映衬下，显得十分庄重美丽，高贵又有气势。

[佛香阁的设计]

佛香阁是纯木质结构，是中国木构建筑中较高的一座。阁由三层组成，每层都由木板、隔扇分成较小的空间，交错和谐。阁的上部高过山脊，明显突出了整个建筑。阁的北面的真山象征玄武位，向南面临辽阔的昆明湖，是坐在太师椅上的好风水位置。

▲ 排云殿西侧紫霄殿

主殿排云殿就坐落在第二进院内。二宫门相当于紫禁城内的太和门，门前悬挂"万寿无疆"匾额。由此可以看出此殿为贺寿之用。主殿排云殿是原大雄宝殿的旧址，横列中间和左右两殿相连，共21间。台东为芳辉殿，台西为紫霄殿。面阔七间，相当于内朝房，是亲王、重臣休息的地方。二宫门内高起的汉白玉石月台，台前两边排列四口大铜缸及台上成对的铜龙铜

▲ 排云殿和玺彩画

▲ 排云殿内景摆设

凤形成了这里主要的景观。

在以排云殿前两院落为主轴中心的两侧，左边是清华轩，右边是介寿堂。两座院落的布局分别都是北京四合院的形式，园中的布置也非常典雅。与排云殿的庄严气势形成对比，互相衬托，各显其特色。

从主殿排云殿向里走就到了德辉殿，也是第三进院落，

这里沿山势逐步上升，前后高差19米，此处没有配殿，建筑物以游廊和爬山廊的形式连接。它相当于后罩殿的性质，是慈禧到佛香阁上香时更衣的地方。佛香阁向北，经石道过众香界琉璃牌坊就到了智慧海。

智慧海是根据《无量寿经》中"如来智慧海，深府无崖底"而得名的。是一座高踞山顶的、面阔五开间的两层五色琉璃佛殿。这座殿的建筑不用梁柱，全部采用石发券构筑，所以又叫无梁殿。佛殿内供有观世音、文殊、普贤菩萨铜像。这些佛像工艺精美，国内外的佛教信徒到此一

历史文化

[排云殿内景]

排云大殿正中间，设有宝座，几案桌台，布置考究。宝座上方悬挂"永固鸿基"四字匾额，更显得殿内气氛庄重。殿内陈设物品贵重，大多都是在慈禧70岁生日时，各位大臣送的寿礼。其中有一对麻姑献寿人物，非常高大，还有一对象驮宝瓶，有"太平有象，象驮宝瓶，平升三级，吉庆有余"的美好寓意。

▲ 智慧海南立面

▲ 宝云阁石牌

般都要参拜。殿外琉璃小佛像及建筑的砖瓦为黄、绿色，顶部的砖瓦则是蓝、紫相间，色彩富丽而又和谐，尽显皇家气质的同时而又不失审美效果。

佛香阁左、右两侧各建有小亭，亭楼相间，向下分别是宝云阁和转轮藏。两座建筑遥相呼应。

宝云阁即是闻名遐迩的"铜亭"。它的建筑材料全部采

知识百科

[铜亭细部装饰]

铜亭上的这些造型奇特的构件全部是仿木结构，不过全是由青铜制成，槛墙下的雕刻莲花图案、转角处突出的斗栱、十字棂格门及菱花形状的细部构件，造型都是那么的精美。用木料做成这些既美观又精致的构件，尚且要有一定的技艺，何况这些设计和雕刻都是在笨重的青铜上来完成的，真是鬼斧神工，令人叹为观止！

历史文化

[宝云阁的铜亭]

这座歇山重檐、四面挑角的的建筑就是宝云阁，也就是人们常提起的"铜亭"。位于佛香阁的西坡，坐落在汉白玉雕砌的须弥座上。整座亭子全部采用青铜铸造，亭内原供有佛像，可惜由于英法联军的入侵，现在已不知去向，当时失劫流入海外的还有铜门和铜窗，现在门和窗已被重金购得，归回原位。

用清冷古铜，造型精美。通高7.5米，重207吨。它的梁、柱、枋、等各类建筑在式样和尺度的精细程度和木结构的亭完全一样。当时建造这样沉重而又精美的铜亭，真是创造

▲ 铜亭

了奇迹。另外，铜亭是建筑在五方阁中心的汉白玉石台上的。

▲ 敷华亭

五方阁和宝云阁是一组佛教建筑。五方是佛家语的"五方色"，即"东为青、南为赤、西为白、北为黑、中为黄。"五方阁意为聚五方之色，也象征天下统一、四海一心。另外，这组建筑的平面布置是佛教密宗"曼荼罗"的象征。曼荼罗（Mandala）在佛经中为众神聚集的坛城。五

▲ 清华轩门

方阁中央的正殿、四方的配殿和配亭分别代表佛所居的五个方位。同时，在院北面六丈多高的峭壁上悬挂着巨幅"威德金刚护法变相"佛像，而且到了每年的冬至时节，喇嘛都要来此诵经为皇帝祈福。

由五方阁向下为清华轩，原名为罗汉堂。堂内供奉罗汉五百尊。后因谢琨的《游西池》中诗句"水木湛清华"而改名。此院落现为寝宫，院内布置比较别致典雅。院东有一块巨型卧碑，上面记录了五百罗汉堂的形制和乾隆平定准噶尔

▲ 转轮藏建筑立面

叛乱碑记，有一定的历史研究价值。

佛香阁的右侧是专门用来放置经文的转轮藏。这组建筑也是宗教性质的。它的中间是一座三层殿，正殿面阔三间，配亭各为上、下两层，正殿的两翼分别以飞廊连接两座配亭。内有木塔"转轮藏"贯穿并可以旋转。两边的木塔可用以贮存经书。另外，在正殿和两塔中间立一块巨大的石碑，名为"万寿山昆明湖石碑"。正面为乾隆亲笔题写的"万寿山昆明湖"六个大字，背面有御制万寿山昆明湖记，记载了当时开湖修园的情况，具有很高的文物价值。

转轮藏下面的庭院为介寿堂，原名是"慈福楼"，后改建为寝宫。"介寿"二字出自《诗经》中《豳风·七月》："以介眉寿"，有祝寿的意思。

▼ 转轮藏

▲ 转轮藏屋顶上的寿星

在前山景区以佛香阁为中心的这组建筑群中，有以佛香阁为代表形成的佛寺建筑，以排云殿为中心的朝宫区、寝宫，但佛教建筑仍是整个建筑区的核心。

在万寿山前山的西部还有一处建筑群，这就是有名的"画中游"。建于乾隆年间，后又经重建，形成了现在的美丽景观。景区由画中游、澄辉阁、借秋楼和爱山楼等几座楼阁组成。楼阁依山势蜿蜒起伏，错落地坐落在层峦叠嶂的半山腰处。

主亭画中游坐落在景区中间，是一座两层楼阁式大敞亭，面阔三间，八角重檐，歇山顶，顶部是黄、绿两色琉璃瓦相间。亭内叠置天然山石，并在山石深处开凿假洞，洞内幽暗深邃。亭子周围有嶙峋的山石环绕，并以游廊与左右陪亭相联。殿前设云步踏跺，下面连一高大的石碑楼，上面是

▽ 从画中游西眺

建筑景观

[画中游建筑群]

画中游是万寿山西部山头的一处极富特色的建筑群。依山而建，各类殿堂楼阁随山势层叠相间，统一和谐而又各自独立。前方最引人注目的是八角重檐的澄辉阁，阁下廊脉相连，层层相通，前景后山，一气呵成。就如民间趣味顺口溜："画中游，画中游，一个亭子两个楼。西边一处叫爱山，东边一个称借秋。远看似画近是景，入境好似画中游。

▲ 画中游琉璃亭

▲ 画中游石牌坊

▲ 画中游鸟瞰图

乾隆皇帝的御笔题诗。再往下是景区最前端的"澄辉阁"，此阁为八方重檐，黄、绿两色琉璃瓦顶。两边各带一座精巧别致的琉璃小亭，随山势向上攀登，东到爱山楼，西达借秋楼，廊脉贯通，相辅相承。将爱山楼与借秋楼互为对景。

画中游这组建筑充分利用天然的山势，巧妙地将建筑一一成景，设计出园林中的巧妙景观。不仅如此，这里也是山

知识百科

[画中游观景]

画中游是万寿山前山西部的一处有名的景点，它的优美之处在于，这里是前湖景区的最佳观景点。远处可以看到峰峦叠嶂的西山和若隐若现的玉泉塔影，西桥六堤的秀美景观更是一览无遗，近处还可看到湖面上的石舫，山湖一色，美不胜收。

▲ 画中游澄辉阁

皇家园林

颐和园

前区的最佳观景区，登楼远望，天湖一色，广阔无边。四面景区，一览无遗。翠峰、西堤，玉泉塔影，湖山相映，楼殿环抱，如诗如画，令人心旷神怡。

▼ 画中游湖山真意南立面

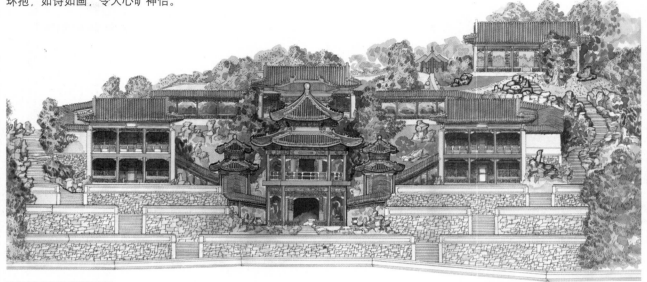

知识百科

[画中游景区内石牌楼]

一座小巧别致的白石牌坊坐落在画中游景区的中心，处在半山腰处，前接主亭澄辉阁，后连湖山真意，承前启后，玲珑剔透。小牌楼单檐出挑，檐下斗栱设置巧妙，两边牌柱上的浮雕精美和谐，就连下面的抱鼓石都属于上等的精美工艺作品。

嘉荫轩、妙觉寺、绘芳堂、构虚轩；右边是后溪河船坞、买卖街。

后山后湖的主要景区，除了以须弥灵境为主构成的一组庞大的具有宗教功能的佛寺建筑群以外，还有具有世俗情趣的买卖街。买卖街令后山后湖景区别具特色。

▲ 八小部洲与绿塔

后山后湖景区

后山后湖景区占全园用地的12%，中轴线南自山顶而下，它以北向主轴，中央是一座藏传佛教寺庙，称须弥灵境庙。以庙为中心线自下而上为北宫门、三孔桥。左边布置了

在须弥灵境南部高起10米处是一组"藏"式建筑，中心建筑是高约25米，象征须弥山的"香岩宗印之阁"，内供铜体像大悲菩萨、四十二臂菩萨各一尊。在阁的周围有许多造型丰富的藏式建筑物和喇嘛塔，具有浓厚的藏族色彩。

这个"藏"式部分的建筑据说与西藏地区的一座著名的喇嘛寺院的规划有直接联系。这座寺院名"桑耶寺"，又名"三摩耶寺"，是西藏地区的古寺之一。公元8世纪，吐蕃赞普赤松德赞为了宣扬佛教，从印度请密宗大师莲花生入藏传法，于762年（唐代宗宝应元年）特为大师修建这座规模宏大的寺院作为讲经的地方。须弥灵境的香岩宗印之阁就相当于这座寺院中的大殿"乌策殿"。

建筑景观

[须弥灵境建筑群]

这组庞大的建筑群是万寿山后山的佛寺建筑——须弥灵境。这样规模宏大的汉藏结合的建筑模式在皇家园林中并不多见。它由大小20多座汉、藏混合式的佛寺组成，南半部是西藏式佛教建筑，仿西藏著名的喇嘛寺院桑耶寺而设计，建有许多碉堡和喇嘛台，有些碉堡上还建有汉式的小殿堂，北半部属汉式建筑，依"七堂伽兰"的模式进行布置。整组建筑群充满浓厚的藏族色彩，在周围青松翠柏的簇拥下，更显得庄重肃穆，气势宏大。

后山须弥灵境鸟瞰图

▲ 白塔

▲ 绿塔

历史文化

[须弥山的由来]

　　按佛经的说法"须弥山"是宇宙世界的中心，是天帝居住的地方。须弥山位于大海的中央，以最高的主峰为中心，由内向外为高度递减的七重"金山"犹如七个同心圆，它们之间形成七重的"香海"。每一重金山均有天神住持。环绕着须弥山的海叫"咸海"，海中四方分布有四个大部洲（陆地）和八个小部洲（岛屿）。这就是人类居住的地方。具体到须弥灵境只是意义相通而方位却不一致，香岩宗印之阁是坐南朝北，佛像面北，以佛为主，佛左为东、右为西、前为南、后为北。建筑名称与自然方向恰恰相反。

　　香岩宗印之阁坐南朝北，仿乌策殿的设计：有藏、汉两种形式。阁平面略成正方形，内檐两层，首层的后攒金柱之间的神台上供铜像四十二臂观音，第二层南面的板壁上贴"缂丝三世佛"一张。 外檐北面是两层的廊步，东、西、南三面墙身饰以藏式"盲窗"（假窗），墙身以上为三重屋顶。

　　"藏式"的部分是仿桑耶寺的做法，通过建筑的总体格局和个体造型来反映特定的宗教概念。把佛经中所描绘的宇宙世界等佛国天堂用具体的建筑表现出来。以香岩宗印之阁象征众神居住的"须弥山"。

知识百科

[须弥灵境大殿]

　　须弥灵境是乾隆在清漪园后所建的喇嘛寺庙，建筑群坐北朝南，平面略呈丁字形，沿山坡的纵深自北而南逐层上升直达山顶，全长约200米。在最低的一层面向北、东、西三面各建牌楼一座。向南的第二层高起2.8米，左右两边有配殿"法藏楼"、"宝华楼"。分别为面阔五间的两层楼房。再向南高起4.6米处，就是正殿"须弥灵境"。正殿面阔九间，总长47.4米，进深六间，总深29.4米。殿内供有菩萨二尊，与承德普宁寺大雄宝殿的三世佛三尊菩萨相同。这是一幢体量巨大的木构建筑物，重檐歇山顶，顶上全部采用黄琉璃瓦。

▲ 北俱庐洲

▲ 多宝塔全景

　　同时，香岩宗印之阁仿桑耶寺的布局，它与四大部洲外围的西北、东北、东南、西南四角，建有白、黑、绿、红四种颜色四座梵塔。四座塔都有不同的寓意，与香岩宗印之阁共同寓意佛教密宗的"五智"（五方佛）。香岩宗印之阁为"法界体性智"，白塔为"大圆镜智"，黑塔为"平等性智"，绿塔为"妙观察智"，红塔为"成所作智"。

　　须弥灵境的汉、藏两部分作为一个整体，设计上吸取藏区山地寺院和

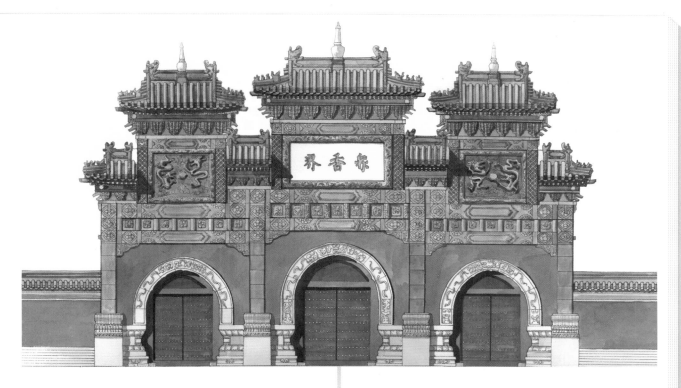

内地汉式寺院的传统手法，建筑物的排列和布局都显示出西藏山地喇嘛寺院的气度。而建筑物的形象大部分则为汉式。在建筑个体的设计上，展示了汉、藏两种风格不同程度的融合。

众香界牌楼

须弥灵境的藏式部分作为一个整体，筑假山、叠岩石，并有树木穿插，把佛寺与周围的山林风景衔接为一体，组成一处别具特色的山地小园林。另外，把宗教的功能与园林的形式结合在一起，以园林化的手法来烘托出佛国理想境界，这在我国历来寺庙园林中是十分罕见的。

石经幢

船坞

同时，须弥灵境的藏式建筑充分显示清王朝团结部族，巩固封建皇权的政治意图。从颐和园的整体布局来看，这如此庞大而又具有不同民族特色的建筑群也成为园中的一大景观。

皇帝虽是封建王朝的最高统治者，拥有最高的权威。天下之万物均归他所有，但是他却不能像普通百姓一样游街逛市，享受不到民间的乐趣。所以在乾隆几次下江南之后，对于苏州以河为街的店铺很感兴趣。当年清漪园建成后，北宫门至后湖段景物空虚。乾隆下令仿苏州一河两街的形式

皇家园林

颐 和 园

▲ 苏州街一角

历史文化

[苏州街]

　　苏州街始建于清漪园时期，是乾隆皇帝从江南游玩回来下令建造的。其实当年同时营造的还有好几处买卖街，大都在北京西北郊的皇家园围内，比较著名的有圆明园中同乐园的买卖街，另外还有一条从现在北京动物园西面的万寿寺一直延伸到畅春园宫门，其中最具特色的要数颐和园后湖的这条苏州街。

▲ 苏州街店铺

▲ 苏州街

[苏州街风景]

　　是颐和园中一处有名的景点，坐落在万寿山的后山脚下，紧挨北宫门。这里湖水清清，两岸青山夹道，绿树映照，两岸的店铺高低错落，参差相间。拐角处的小楼房别具一格，湖面上架起的小桥，更有江南水乡的特色，华彩琉璃的小牌楼又略显出浓浓的皇家贵气。楼桥船店，倒映入画，风景优美。

▲ 苏州街鸟瞰图

　　建筑了这条买卖街。买卖街当然是买和卖的地方，湖水两岸的小巧楼房，是各式各样的杂货店铺，有两间门面的小茶馆、有高耸的三间牌坊酒楼，还有卖帽子、鞋袜的小店铺和钱庄、当铺。热闹繁华的市面街景，熙熙攘攘的人群，夹杂着咿咿呀呀的叫卖声，畅游在今天的市面街景，回味着古时的乡风野趣。

　　买卖街位于后溪湖中段，现在又叫做"苏州街"，全长270米。据记载，当年这条买卖街南北共建有铺面房200多间。全部采用"以小见大"的方法，缩小建筑尺寸，铺面房比一般铺面房小四分之一左右，开间和进深都仅有2.3～2.6米。这样小的店铺当然不能用来经营，也只不过是模仿而已。而且这些店铺的建筑形式也是仿民间的铺面房，全部采用青砖白墙，褐色门窗。其中有"楼店"10多座，"牌楼"6座，"牌坊"15座，还有临河一面添出平顶的"拍子"式房60座。据

▲ 苏州街牌坊

资料记载，这里有"帖古斋"古玩店，"云翰斋"文具店，"吐云号"香烟店，"履祥号"鞋店，另外还有几家酒楼、茶楼。真是五花八门，应有尽有，而且连店名也都这么有趣。经营人员和顾客都是由太监和宫女装扮的，五颜六色的酒旗及各行业的幌子高高悬挂在门前。水上岸边人来人往，市声喧嚣。不难想像当年的热闹景象。最

皇家园林

颐和园

建筑艺术系列丛书

皇家园林

36

主要的是苏州街作为园林的景点，没有一点商业功能，却带来了江南气息，给整个园林增加了另一番情趣。

▲ 苏州街小桥

谐趣园

万寿山后湖的湖水顺着苏州街向东就流到了谐趣园。提起谐趣园，凡到过这里的人们都会感觉到它是仿照江苏无锡著名的寄畅园而建的，也是有名的园中之园。

谐趣园的前身是惠山园，是早期清漪园建园的重点工程之一。它之所以仿江南名园寄畅园而建，是有一定原因的。清帝乾隆有出行江南的嗜好，多次南巡都住在寄畅园内，对园中的布局设计非常欣赏，甚至流连忘返，便命画师将园中的景致画下来带到北京作为颐和园建

▲ 谐趣园紫气东来城关

园的参考。在乾隆《惠山园八景诗序》中曾提到过此事。在嘉庆十六年（1811年）对此处加以扩建，并取"以物外之静趣，谐寸田之中和"的意思，改名为"谐趣园"。虽说谐趣园有仿寄畅园之意，但几经修改，现在的样子已经不是那么相像了。

谐趣园背山而建，以水池为中心，各种亭台楼榭绕池而建，倒影入水中，构成一个十分幽雅的内部庭园。这与颐和园以整个水面来衬托万寿山的开阔和壮丽形成鲜明的对比。

从东宫门进入颐和园，先向北，再向东，走进"紫气东来"的城门就进了谐趣园。眼前阔然开朗，一股清风扑面就

历史文化

[紫气东来古城关]

又叫赤城霞起城关，是颐和园内六座城关之一，是山前通往谐趣园的必经之关。城关两面有乾隆皇帝的御笔，南面"紫气东来"，出自老子出关的故事，北面的"赤城霞起"出自孙绰的《游天台山赋》中"赤城霞起而建标，瀑布飞流以界道"。绿荫下的赤红色城关，充满无限的诗情画意。

▲ 谐趣园宫门与游廊

▲ 饮绿与洗秋近景

让你感觉它的与众不同。的确，和万寿山的皇家气势相比这里要算是世外桃源了。进入宫门我们就可以看见园的全景了，它占地面积仅不过十多亩，以水面为中心，百间游廊、五处轩堂、七座亭榭在池边环绕，映入水中形成倒影。

由宫门折向南，首先看到的是"知春亭"，它是位于曲廊中段的一座建筑。谐趣园的所有建筑都是依水背山而建，但只有知春亭是四面环水的。顺着游廊向南，是一座勾连搭屋顶的建筑，是由前后两个屋顶相联的六间的小轩"引镜"。轩前池水菱叶浮面，和轩前楹联上写的"菱花晓映雕栏日，莲叶香涵玉沼

▲ 谐趣园月洞门

▲ 谐趣园鸟瞰图

建筑景观

谐趣园小而有趣，有三大特色，一是游廊，园中的大堂小亭、正楼偏斋，都由迂回曲折的游廊相沟通，错落有致，玲珑有趣；二是水池，园中所有亭堂都是环绕中心池塘而建，荷塘青青，池水潭潭；三是小桥，在这片面积不大的水面上，就坐落着七八座不同形式的小桥，最长的有10米，短的却不到2米。这里春天柳芽青青，夏季荷花扑鼻，秋季水流云动，冬天银装素裹，四时皆景，时趣盎然。

波"互相映照。从引镜向东游廊突然中断，却见一座小桥架于水流之上，将对面的"洗秋"连接。小桥以东山石相叠，山上树木郁郁葱葱。经过"洗秋"，顺着游廊进入架在水上的饮绿亭，以嗜酒如命的唐代李白的诗"遥看汉水鸭头绿，恰似葡萄初酸醅"来形容此处的景观一点也不为过。亭前亭左池水涟涟、荷叶翠绿，饮绿亭的景色让人如饮绿

知识百科

[谐趣园内的瓶形洞门]

瓶形洞门的设计在江南的园林中非常普遍，常见的有宝瓶形、八宝葫芦形、月牙形等。它的主要功能在于，透过异形的门洞可以看到远处的景色，使景观产生不同的效果，丰富园林的设计，精巧别致，更具趣味。谐趣园里这种洞门的设置，使这处园中之园更具江南园林的韵味。

▲ 饮绿轩

[洗秋和饮绿]

谐趣园中的所有建筑屋顶都是采用不上釉的青瓦铺成，卷棚顶，淡雅古朴，朴素大方。站在澄爽斋看洗秋和饮绿，眼前是一组十分别致的建筑，洗秋开阔明朗，以游廊和饮绿相通，饮绿更为别致，屋脊用木柱支撑着悬浮在水面上，远远望去，两座建筑像一个整体，犹如一只小船连着一叶轻舟，荡漾在碧绿的水面上。

鱼桥"。桥长约20米，桥名源于《庄子·秋水篇》庄子与惠子的对话："你不是鱼，怎知鱼之乐？"反问："你不是我，怎知我不知鱼之乐？"虽没有逻辑却甚是有趣。桥周围设有石桌石凳，和前边的"饮绿"亭畅饮对应，就不免想到在寂静的夏夜要一同坐下"举杯邀明月，对影成三人"了。那其中别有一番趣味。

从知春堂出来不过百步就到了"涵远堂"，可就在这百步之间就有"作假成真，实中有虚"的"神仙洞府"，还有九曲转折的游廊。可见当时的造园设计真是点面俱到。此处"兰亭"与"澹碧轩"东西相对，是看知鱼桥的好地方。澹碧轩内堆山叠石，大树成荫，自成一景。兰亭内立有乾隆御笔"寻诗迳"石碑，刻有诗的全文。原来是借用唐代诗人李贺骑马慢行寻诗的典故。可以想像如是李贺能在此一游的话，不知要出多少优美的诗句呢！那才是"踏破铁鞋无觅处，得来全不费功夫。"

▼ 谐趣园景

酒，味美甘醇，回味无穷。一路游廊到了"澹碧斋"，再向东以弧形的游廊过渡到了池东的"知春堂"。这是一座园最东端的"背山得胜地，面水构虚堂"的小堂，它位置踞高，向西可望及万寿山的景观。

在"澹碧斋"和"知春堂"之间的池角，看似死角却是趣角，造园者别出心裁地在这里架起了一座小桥，取名"知

作为现在谐趣园的主体建筑的涵远堂，是坐北朝南的一座厅堂，也是园内最大建筑。堂内的装置自然是不用提了，堂

▲ 涵远堂

高的地形，又利用自然与人工的巧妙结合，园内看是两层小楼，园外却成了一层轩堂，别有趣味。瞩新楼南由游廊又通澄爽斋，澄爽斋面向东，是纵深方向观园的最佳处。隔池又与饮绿亭相望，互为对景。再往南的游廊又回到了谐趣园的宫门，环池一周，360 度的角度将园内所有的景色尽观眼底，留于心里，回味无穷。感叹着 4000 余亩的颐和园的山水宏观，自然也难忘这 10 多亩谐趣园的"足谐奇趣"。

历史文化

[谐趣园的文人雅韵]

玉琴峡的峡石刻有"松风"、"萝月""仙岛"等题字。其题各有来历，如"仙岛"是引用伯牙在蓬莱仙岛上为怀念知音而摔琴的故事。用这个故事和玉琴峡相联系，使人仿佛听到俞伯牙的琴声进入仙岛的感觉。在这园里，有庄子的知鱼桥之趣，李贺的寻诗迳之乐，俞伯牙的玉琴之声。自然景物与人文景观融为一体，真是园之小容天下乐趣之大。使人修身养性，陶冶情操。园内"一亭一径，足谐奇趣"，名为谐趣园，十分切实。

▲ 谐趣园瞩新楼

谐趣园是颐和园的园中之园，但小园并不是大园的重复。相反，它的整体布局和设计也别具特色。

1. 利用得天独厚的地形巧妙的因地制宜，周围又筑石理水，培植山林。北部以山林为主，和南部水池巧妙地结合，形成了主体布局，重要建筑涵远堂与南部水池的一组建筑形成对景。

内的装修既考究又华丽，有"拱璧拉绳"的图案雕饰，立意新颖而又优美纤巧。另外依寄畅园的立意来看，这里没有设太多的建筑，而是采山石之自然景致，堂前绿树梧桐，堂后掇石成壁，极富诗画情意。堂西游廊曲折，与瞩新楼相连接。廊下湖水潺潺，廊外翠竹丛生。还可以听到玉琴峡的水声。"石泉真可听，丝竹不须多。声是八音会，征为六合和。"

瞩新楼在玉琴峡的西南面，由于园内地势低、园外山势

皇家园林

颐和园

▲ 谐趣园兰亭

2. 园的内外布局又不一样，内部以水池为中心，各种建筑将之围成一个相对封闭的空间，娇小灵巧。但无论从园的哪个角度都可以相对宽阔的视野欣赏园景，增加了视觉空间感。

3. 另外，园门的设计也是别具一格。它位于西南角，一方面与从南经"赤城霞起"过来的山道及自北经后溪河过来的水路相连；另一方面，从园门入园后所有景观都可以观到，是园的最大视距，也扩大了庭园的内部空间层次。园门设置得非常小，顺着"紫气东来"的阁门就进入了园内。 园门设置在角落里，一点都不会影响整个园的格局，如果不是游人要由此入内，几乎感觉不到它的存在。

▲ 谐趣园澹碧斋旁曲廊

4. 所有建筑虽是沿水而建，但仍是轴线对称的布局，主线上以涵远堂为主，与饮绿、洗秋形成对景；东、西两侧是知春堂、湛清轩和澄爽斋、瞩新楼互为对景，宫门和洗秋轩，澄爽斋和知春堂、知鱼桥都相互对照。在注重主体建筑的同时又注意到小的建筑，园中轴线对称明确，可见当时的布局设计是非常细致的。

5. 谐趣园园内所有的屋顶设计也非常独特，都是采用"黑瓦"（不上釉的青瓦）布瓦，建筑物的外层除亭榭是攒尖外，其他的都是卷棚的形式，虽然很朴素却又美观大方。但是它的内部装饰却是非常华丽考究的，尤其是园内的主要建筑涵远堂和澄爽斋，地罩和隔扇均采用各种名贵紫檀、红木雕花，雕工极为精细。另外，小宫门的屋顶设计也是比较有特色的，它的北面是悬山，而南面是歇山，并带有抱厦和游廊相连接。

建筑景观

［兰亭］

兰亭位于小有趣西边，它之所以取名为兰亭，是乾隆皇帝表达他对书法的热爱。在浙江绍兴有一处有名的兰亭，而这里的兰亭就更使这个小园林具有江南的特色。亭子里面保存一方乾隆皇帝手写的寻诗迳石碑，上面刻着"岩壑有奇趣，烟云无尽藏。石栏绕曲迳，春水漾方塘。新会忽与此，幽寻每异常。自然成迴句，底用锦为囊。"

6. 游廊也是这座小园中用得最多、变化最丰富的建筑形式。单面的、双面的、曲折的、弧形的、跨水的，等等，各种式样应有尽有。它们都顺着建筑物的高低变化而蜿蜒起伏，时隐时现地穿插在花木山石之间，几乎将园内所有建筑连在一起，既集中而又别具情趣。

▲ 谐趣园后边霁清轩旁弧形墙

皇家园林

颐和园

总的来说，谐趣园的景色既有天然的地利因素，又有设计的别具匠心，将自然美与人工美巧妙结合，真假山水、亭台楼阁、花木树草，给人以完美的视觉享受而又使人浮想联翩，是真景还是仙景只有亲历者才能体会得到吧！

▲ 谐趣园霁清轩

琼岛仙塔蕴蓬莱

北海公园

坐落于北京中心区的北海，东面与景山和紫禁城相邻，西面是元代兴圣宫和隆福宫遗址，南面和中海与南海连接，北面与什刹海相临，构成北京市中心最优美的园林景区。北海是我国现存历史最早、保护最完整的皇家园林，它独特的园林设计风格成为我国造园史上的精华，也是皇家园林史上的辉煌代表之一。

建筑景观

[北海风光 风景如画]

今天的北海景致依旧，仍然如歌中唱的那般美丽，亲自去过的人们就会体味到歌声的意境。北海是美的世界，是花的海洋。绿树的清香，海水的波浪，海风的轻抚，令人心潮起伏，流连忘返。

早在800多年前的辽代时期，由于这里有山有水，风景优美，统治者就在这里建筑宫殿，北海就作为帝王后妃的游乐场所。金灭辽以后，金代中都城郊外的大宁宫离宫就设在北海。至元元年（1264年）元代统治者在北京定都，开始大规模地建设。以琼华岛为中心，建成一座皇家宫苑，北海和中海的水域改称太液池。明代在此基础上又开辟了南海，并在太液池中建筑五龙亭，此时已经形成了三海纵列的局面。

清顺治八年（1651年）首先在广寒宫旧址上建造藏式白塔及岛上南面的永安寺。乾隆年间，自乾隆七年（1742年）开始，先在琼华岛周围建筑亭台楼榭，在北海东北角修建了先蚕坛，随后沿北岸和东岸进行了大范围的修建，北有阐福寺、西天梵境、万佛楼、小西天、镜清斋等，东有濠濮涧、画舫斋等，全部工程进行了约50年，才具备了今天北海的规模。

▲ 北海白塔顶

▼ 远眺北海白塔

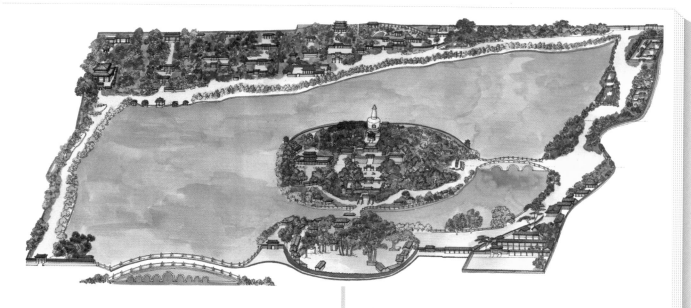

北海全园以琼华岛为中心，沿整个海面布置建筑。南面寺院，依山势排列，直到山麓之间岸边的牌坊，与桥相交，又与团城的承光殿相呼应；北面从山顶至山麓，亭台楼阁与山石互相交错，富于变化；山下和水面相连的是弧形游廊，东连倚晴楼，西连分凉阁，曲折而又别致，半圆形的游廊像一条玉带将山与水一分为二，而又将水与山融为一体，真是巧妙至极。环绕海面的东岸是先蚕坛、画舫斋、濠濮涧三处主

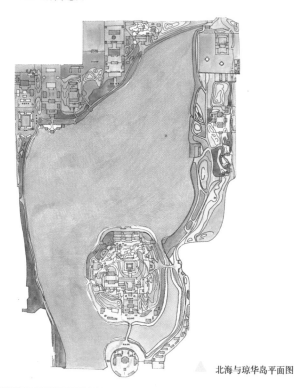

建筑景观

[北海总览]

历史悠久的北海公园，园林景观以大面积的北海水面为中心，建筑环绕四周而设，湖面上的琼华岛犹如蓬莱仙阁，这里作为古时皇宫西苑，景色相对中南海来说，这里显得更为天然、野趣，也是帝王后妃们经常玩乐的场所。这里有古老的团城、美丽的琼华岛、亭亭玉立的白塔、园中园静心斋，景色丰富，美不胜收。

北海与琼华岛平面图

知识百科

[北海平面布局]

从北海平面图可以看出，整个园林布局以中心水面为主，又以琼华岛为圆心，来布置所有园林景观和建筑。琼华岛上白塔高耸，建筑林立，东岸与景山相邻，建有濠濮涧，西面是元代兴圣宫和隆福宫遗址，南面连接着中海与南海，北岸建有静心斋和佛教建筑群。环顾四周，构成一整个园林景观。

▲ 西天梵境影壁琉璃花心

要景区。自北向南顺序排列，西北崖的静心斋、西天梵境、九龙壁、澄观堂、阐福寺、万佛楼、极乐世界、五龙亭等建筑群。单独来说，都自成一景，但从园的总体来看，犹如众星捧月，将琼华岛景区护于中心。而琼华岛上的白塔更是金鸡独立，成为中心之心，也充分体现了皇家惟我独尊的主题。

北海作为一个大型的山水园林，建筑风格艺术也别具特色。

首先，北海公园在元代营造大都太液池御苑时，在池中设计了纵列的琼华岛、圆坻、犀山台三座孤岛，分别代表蓬

▲ 静心斋半壁廊

莱、方丈、瀛洲。但是随着明清时期的不断修建，这种"一池三山"的模式逐渐削弱，只是以琼华岛上的琼楼玉宇和幽然的山林构成一幅海岛仙山的场景。

其次，由于清王朝推崇佛教，北海内建造了大量的佛寺，如琼岛永安寺、北岸西天梵境极乐世界等。另外，北海在同样表现皇家帝王气派的同时还采用人工借景的手法将江南园林的意境移入园中，在园林内创设园中之园。如北岸的濠濮涧、东岸的静心斋等都是有很高艺术水平的园中之园。

▲ 静心斋栏板石雕

"让我们荡起双桨，小船儿推开波浪，水中倒映着美丽的白塔，四周环绕着绿树红墙……"唱着这支动听的歌谣，充满着无限想像，我们走进了北海，犹如走进了天堂，其实一点也不夸张，眼前如诗如画的景色会让你心旷神怡，仙山白塔，清水绿叶，与蓝天白云融为一体，如入仙境。

团　城

团城在北海的最南端，承光门的西侧。团城上松柏参天，绿树成荫，三面临水，风景如画，连接中海和北海。我们到了团城，也就进入了北海。一般人去北海也许会忘记这片区域的景观。不过，据记载，团城是一座有近千年历史的圆台式的古代城池建筑，是亚洲最小的城池。团城的城墙高度为4.6米，周长276米，面积仅有4553平方米。

远在辽代，团城所在的地区原是太液池中的一个小岛。是瑶屿行宫的一个组成部分。岛上建有亭台建筑，古人称

▲ 团城承光殿

▲ 北海团城

"瀛洲"。受东海仙岛神话的影响，瀛洲岛与琼华岛一样，在我国古代创造"一池三山"构思中，占有极为重要的地位。　金代将这里建成太宁宫的圆丘，称为"瑶光台"，作为皇帝祭天的地方。到了明朝，又在团城上建筑了承光殿，仍保留元代仪天殿圆形建筑的风格，又称作"团殿"，作为皇帝和后妃在夏季观看河灯的地方。清代康熙八年（1669年）仪天殿因地震而倒塌。后又重建，命名为"承光殿"。

知识百科

[团城]

团城是一座砖筑的圆形小城，位于北海的南门外。城区内古树参天，殿宇林立。建筑大多以左右对称的布局设置。承光殿位于城中心，左右七间西配殿和七间东配殿起到衬托作用，突出中心殿的位置。四方重檐的沁香亭和六角攒顶的朵云亭互为对景，后有十五间敬跻堂以弧形的模式将整个团城向前环抱，整个团城自成体系，别具一格。

皇家园林

北海公园

建筑艺术系列丛书

皇家园林

北海团城鸟瞰图

[承光殿]

　　承光殿是团城上的中心殿，也是惟一一座大殿。大殿平面呈"井"字形，歇山重檐顶，外观造型看上去与故宫角楼"九梁十八柱七十二根脊"的建筑形式十分相似。不同的是故宫角楼屋脊是十字交叉形，而承光殿是东西向的通脊。大殿的四面各有一个卷棚歇山顶的抱厦，一周是设计精美的隔扇门窗，殿下黄绿色琉璃砖砌成的基座栏杆，在绿树丛林的映衬下，显得古朴庄重，十分好看。

　　团城上有一座主殿和两座配殿构成主要建筑，另有多处厅堂楼阁，以及40多棵古树，组成一个独立的风景区。

　　承光殿是团城的中心建筑，它是一个正方形的大殿，黄琉璃砖瓦墙。承光殿宏伟壮丽，金碧辉煌，外观造型奇特而优美，在我国现存的古建筑中十分罕见。承光殿的大殿东、西、南三面有乾隆御笔的13块诗匾。诗的内容都是歌颂北海和团城的。另外殿内有咸丰皇帝御笔："九陌红尘飞不到，十洲清气晓来多，"上悬匾额为"大圆宝镜"。殿北侧正中供奉一座造型精美、价值连成的白玉佛，玉佛全身洁白无瑕，神态慈祥。玉佛的头顶和衣服上镶着无数的宝石。真是难得的稀世珍宝。

在承光殿的西北侧，建有"馀清斋"。通过馀清斋后面的抱厦可以看到一处独立的小院落。"沁香亭"和"镜澜亭"就在院落后面。沁香亭是一座四角攒尖的重檐方亭。当年乾隆皇帝从沁香亭欣赏整个北海景致时有感而发，作诗一首《沁香亭》，诗中

承光殿白玉佛

团城沁香亭

写道："台亭百步接含廊，液沼平陵号沁香。甲煎罢烧云锦缬，果然六月有春光。"

[团城上的玉瓮亭]

　　承光殿的前面为"玉瓮亭"，建于清乾隆十一年（1746年）。亭中的大玉瓮，重3500千克，玉石呈墨绿色，玉瓮外壁有各类凶猛动物的浮雕，精美生动。又称"渎山大玉海"，至今有七百多年的历史了。据说这座大玉瓮是经过多名高级工匠用了十年的时间才精心制作而成。另外承光殿有还有一株参天大油松。当年被乾隆封为"遮荫侯"。

　　承光殿的北侧有"敬跻堂"环绕，敬跻堂是一座弧形建筑，在它的东边又建有小巧玲珑的"朵云亭"，亭堂与绿树相间，成为一处绝妙的避暑乘凉之地。而且此处远眺琼华岛，就会看到明代李文达在《赐游西苑记》中所描述的景象："望山峰，峻峭嶙峋，俯瞰池波，荡漾清澈，山水之间，千姿百态，莫不呈奇献秀于几窗之前"。

玉瓮亭

皇家园林

北海公园

上建筑巨大的喇嘛塔，即白塔，并在塔前修建了白塔寺。乾隆时在白塔四周增建了许多亭台楼阁。1976年受唐山大地震的影响，白塔的宝顶被震毁，又进行了一次大规模的整修之后，才是今天我们看到的美丽的白塔。

白塔的造型清秀，全身呈洁白色，塔形如一个大肚小口的宝瓶。由塔基、塔身和塔顶三部分组成。其中塔基为砖石须弥座，座上是三层圆台，还有白玉石栏环绕。塔身最突出

知识百科

［玉瓮亭］

因为亭子内有大玉瓮而得名玉瓮亭。玉瓮亭表面呈方形，下面由石柱支撑，面宽2.9米，单檐四角攒尖顶，蓝琉璃瓦铺成，中间是铜镏金宝顶。我们看见亭内的大玉瓮，由整块的深色的岫玉雕成，里面空间很大，可以盛600多千克的酒。传说这个大玉瓮是七百多年前元世祖忽必烈赏有功的大臣喝酒时贮酒的大玉缸。

琼华岛

琼华岛作为北海的中心景区，总面积约6万多平方米，四面环水，岛上有十几组建筑群和几十个风景点。各类建筑和景点又别具特色。

琼华岛上的白塔为岛的中心建筑，也是整个北海的中心。琼华岛的相对高度为33.4米，海拔高度为82.46米，白塔的高度为35.9米。据史记载，琼华岛上的广寒宫于明万历年间倒塌，清顺治帝接受了西域喇嘛的请求在原广寒殿旧址

历史文化

［琼岛瑶屿］

传说原来琼华岛是古代的一座神山，最初是按照传说中瑶池仙境的景致来布置的。这里山水楼阁，红墙绿树，犹如海市蜃楼仙境一般。远在辽代时琼华岛被称为"瑶屿"，在金代时才被称为"琼华岛"，用来比喻这座岛屿就像一块经过精雕细琢的美玉一样，完美无瑕。琼华岛的山顶原来是高高的广寒宫。在清顺治年间，在广寒宫殿旧基上加以修建，在白塔前建白塔寺，才形成了今天的样子。

▼ 从万佛楼石碑看琼华岛

▲ 琼华岛鸟瞰图

的部位就是塔肚，塔肚为圆形，最大直径14米。塔肚的正南面有一个佛龛，是红底金字组成的藏文图案，俗称"眼光门"，比喻是塔的眼睛，有"吉祥如意"的意思。塔身上部相当于瓶颈的部分，称"相轮"，也称"十三天"。塔顶有铜铸伞盖，上面有地盘、天盘、日、半月、火焰组成。其中地盘的周围缀有十几个铜风铃，塔尖直向高空，在蓝天的映衬下，风吹铃响，美丽动人。另外在白塔下还建有藏井，用来藏贮经文、衣物和佛教法物以及贡品等物。

在靠近白塔的南侧下方，有一座建于高台上的琉璃殿，名"善因殿"。外面以彩色琉璃砖瓦砌成，砖上有千手千眼佛。

建筑景观

[琼华岛]

由北海正门进入，便可看到一座白塔高耸的山头，由永安桥穿过堆云、积翠牌坊，眼前"龙光紫照"，胜景无数。琼华岛上，白塔亭亭玉立，楼殿依山设置，岛上筑山叠石，盘龙卧佛，树木成荫，花草丛生。在琼华岛上攀岩穿行，若隐若现，忽暗忽明，犹如仙景。

50

▲ 善因殿顶

殿中供奉文殊菩萨铜像,俗称"镇海佛"。旧时传说塔下有海眼,此佛可镇水患。站在善因殿前是欣赏北京古都风景的最佳位置。远观南城景色一览无遗,近看太液池水碧波荡漾,令人产生无限的退想。

在白塔山的西坡上部有"悦心殿"和"庆霄楼"组成的建筑群。两座建筑同时建于顺治八年（1651年）。悦心殿是皇帝处理政务、召见大臣的地方。悦心殿的后面有宽敞的院落,庆霄楼就坐落在院落的中后部。庆霄楼体量高大,为上、

建筑景观

[白塔与善因殿]

白塔是北海公园的标志,也是北海中心的最高点,建在山顶最高处,塔身雪白,宝顶闪闪发光,十分醒目。塔的四周有汉白玉石栏杆环绕。凭栏远眺,远景近山,全城景色,一览无遗。塔前的善因殿上圆下方,琉璃金顶,精巧绚丽,和背后高大的白塔相互映衬,一朴素一华丽,巧妙别致,显得十分美丽。

建筑景观

[远看琼华岛]

从北海的北部海面看琼华岛,又是另外一种感觉,远远望去,就像汪洋大海中的一座小岛,被碧波荡漾的水面包围着,和不远处的景山连成一片,形成海上岛屿,而岛上高高耸立的白塔又和坐落在景山的万春亭遥相呼应,形成对景。这种巧妙的借景,在园林设计中很常见,不仅丰富了园林的景观,还拓宽了视觉的空间,借景入园,山水一色。

▲ 庆霄楼

▲ 悦心殿

下两层。上层为卷棚歇山顶，覆盖灰瓦。每层面阔均为五间，皆为通透的隔扇门窗，门窗上都雕刻有红色菱形的图案。四周有游廊环绕，廊前立红色柱子，柱子上方为方形，下方为圆形，造型别致。庆霄楼，寓意琼楼玉宇高抵霄汉。此处也是观看海上滑冰的好地方。乾隆年间，每逢夏历十二月八日，帝后们都要到此处观看抛球夺彩、转龙射球、抛银元和跳鞠等各种冰上游戏。

▲ 积翠牌坊

知识百科

[悦心殿]

悦心殿建在琼华岛的西面，殿为单檐卷棚歇山式，屋面覆盖灰瓦，整座大殿面阔五间，中间的明间设有敞门，两边开设窗户，下面是白色墙体。殿前带有回廊，六根粗大红圆木柱子并列排开。正中开间的柱子上悬挂对联，檐下高悬"悦心殿"匾额，字体圆润流畅，自然和谐。

建筑景观

[秀美的永安桥]

这座连接琼华岛和团城的白石桥名叫"永安桥"。建于13世纪，整座大桥全部采用汉白玉石雕而成，下面有三券石凿桥洞，桥呈曲尺形，全长80多米，宽7米多。汉白玉的石栏板和望柱头上雕饰的荷叶图案与莲花花纹，与夏季桥下水面上的芬芳荷花相辉映，在蓝天、白云和周围浓荫翠屏的映衬下，白玉长桥显得更加优美动人。

在庆霄殿的后院，绿树成荫，院墙的北端围成半圆形，中央建有"撷秀亭"，从最南面的月台到悦心殿，再到庆霄楼，一直到北端的撷秀亭，整体建筑连为一条线，设计别具一格。

琼华岛的南面以一座汉白玉雕的石桥与团城相连，这座桥旧称"堆云积翠桥"，现在叫"永安桥"。桥面为曲尺形，全长85米，桥上栏板和石柱都雕刻有不同图案的花纹，桥两头为两座牌楼。南为"积翠"，桥北为"堆云"。远处看犹如一道玉制的长虹架在琼华岛和团城之间。此处自成一景，既可仰望山顶白塔高耸入云，又可欣赏海阔美景。炎炎夏日，微

▼ 堆云积翠桥

▲ 永安寺法轮殿　　　　法轮殿内供奉普贤菩萨、金刚手菩萨

知识百科

[法轮殿]

　　琼华岛的前方，与永安寺相连，有一座法轮殿，因寺院内原来的大法轮而得名。法轮是佛教中的说法，所以法轮殿中的陈设也是佛家特色。释迦牟尼像，神态慈详，仪态庄重，雍容华贵。八位弟子分侍两旁，周围还有十八罗汉的塑像。整个大殿金碧辉煌，富贵华丽。

风习习，夕阳西下，站在桥上面向海面，飘来轻舟一叶，此时此景实在让人陶醉。

▲ 永安寺大门

　　跨过永安桥，穿过堆云牌楼，就到了"永安寺"。永安寺建于乾隆八年（1743年），已经有二百多年的历史。寺门内东西两侧供奉四大天王，四大天王在天国里是护法天神，各路神仙手持武器，象征着维护人间的风调雨顺。寺院内东面设有钟楼，西面有鼓楼，钟与鼓在寺院里既可作为法器又可以报时，还可以为召集僧人所用，钟鼓声响，可传万里。另外，在永安寺院的中间原来有一个大法轮，"轮"是古印度战争中的一种重要武器，传说古印度能征服四方的王称为"转轮王"。可惜由于历史的原因，大法轮已经被毁。不过这

里的"法轮殿"却是由大法轮而得名。以"轮"来象征佛所说的"法"，法轮出现，比喻一切错误的见解和不善的法都不存在。

　　在法轮殿里供奉释迦牟尼和八位弟子的佛像，以及十八罗汉像。在清代，这里是喇嘛诵经和皇帝拜佛祈祷的地方。殿的东西两侧还有随墙门，从门而出可以直接登到山顶，也就到了永安寺后坡的平台之上。平台的中央有一座建筑辉煌的"龙光紫照"牌楼。牌楼建于乾隆十七年（1752年），是北海最宽大

▲ 永安寺外铜摆设

的古牌楼之一。 穿过牌楼，东西两侧各有一座碑亭，东为"引胜亭"，西为"涤霭亭"，亭内各有一座石碑。石碑上有乾隆皇帝御笔的"白塔山总记"和"塔山四面记"，石碑雕刻精细，是北海石刻中的精品之作。碑上记录

▲ 引胜亭

▲ 罗锅桥

[琼华岛奇石]

在引胜亭和涤霭亭的北侧，有两块外形奇特而峻峭的巨石，一块名为"昆仑石"，一块名为"岳云石"。两块奇石都是"艮岳御园"的旧物。艮岳御园是宋朝在河南汴梁城东北建造的御花园，在园中用太湖石堆筑的假山，又称"寿山艮岳"，由于琼华岛上这些奇形怪状的太湖石源于汴梁的艮岳御园，所以又被称为"艮岳石"。金灭北宋以后，曾征调了大批的民夫，从汴梁将这些太湖石运到北京，而且还根据石料的大小和重量折去一定的粮税，因此，古人又把这些太湖石称为"折粮石"。可见琼华岛的精美建筑也有古代劳动人民的付出的血汗。当年乾隆在观赏了这些风格奇特的怪石以后，联想到了历代王朝的兴衰，为表达心中的感慨，作诗刻于巨石之上。

建筑景观

[罗锅桥]

筑山叠石，植树种林，石水相依的景观在北海公园内到处可见。在琼华岛西面的山底下，湖边自然形成一个向下凹成的水池，池岸两边堆积黄青色山石，与海面相连的水口上架起一座小石桥，石桥呈拱形，站在桥上，仰面是翠山绿峰，转身是宽阔的海面，站在桥上还可以欣赏夕阳西下的美丽画面。

了北海的历史和白塔山四周的景物，对游览北海有一定的指引作用。这里的亭子造型非常别致，正好将石碑罩在中间，看来是先立碑，后建的亭子。这样既创造了良好的环境，又起到了保护石碑的作用，可见当时建造时真是考虑得周全。

琼华岛的西面以"阅古楼"和"琳光三殿"为主要景观，这里景致比较清雅幽静，具有江南园林的清秀风格。

阅古楼为琼华岛西坡的中心建筑。始建于乾隆十八年（1753年）。阅古楼整体造型别致，装修朴素大方。楼体前圆后方，左右环抱，呈扁环形，中间纵深的天井内有两株大树，鸟瞰犹如两支大笔插入笔筒之中，别致有趣。阅古楼内四壁

嵌满《三希堂法贴》石刻。阅古楼石刻是我国自魏晋以来保存最完整的古代书法石刻的精品集成，全名为《三希堂石渠宝笈法贴》。后来又对阅古楼石刻中的字迹进行了修整，并在每块石刻的四周都勾刻了花边。因此，这些石刻又以花边为界，分为先后。

▲ 阅古楼

据记载，这部《三希堂法贴》共收集了我国从魏至明末时期，134人的340件作品，另有题跋210多件，约9万多字。汇集了众多书法精品，真可谓是群英荟萃。又经精雕细刻，将书法与石刻艺术融为一体，更具艺术魅力。不仅对传播和弘扬中国古代书法艺术，起到了一定的推

▲ 阅古楼弧形屋顶

皇家园林

北海公园

[环碧楼]

环碧楼坐落在北海琼华岛北坡，整座建筑造型别致，小巧玲珑，前山后林，山石环绕。这片景区内的建筑和山石互相点缀，巧妙结合，亭楼与崖峰石洞蜿蜒相通，上下沟通，迷离穿行，若隐若现，情趣无限，令人流连忘返。

▲ 环碧楼

▼ 蟠青室与罗锅桥

建筑景观

[一房山和蟠青室]

这是一个组合的景区，有三十六间游廊环绕着一座高台，蟠青室坐落在景区中心，面阔三间，并带有前廊，由四根红色圆柱组成；一房山是一座两层卷棚歇山顶的小楼，依山而建，从上到下，楼内有许多太湖石错落堆砌，形成山的形状，所以乾隆便将此命名为"一房山"。

动作用，而且有着重要的艺术价值和文物价值，也为丰富北海皇家园林的文化添彩增光。

在阅古楼的后面有一方形水池，池后有许多金、元时期的太湖石堆成的山坡，山势陡峭，怪石嶙峋。而且这里还是攀沿上下的山路，与琼华岛西坡"酣古堂"的山石形成了一个园中瀑布，既合理地处理了园中的景致，又别具一格地自成一处美景，真是造园艺术的精典之作。

阅古楼的南侧是"琳光三殿"建筑群。三殿建筑依山而建，逐层升高，形成了琼华岛西坡的主体景观。

▲ 琳光殿

最下层为"琳光殿"。殿前是皇帝用来游海的码头。在这里可以看到水面风光、画舫美景。据记载，殿内曾供奉有一尊韦驮和一尊天王，不过因为年久失修，佛像已经荡然无存。

▲ 水精域

中殿"甘露殿"的南北两侧由游廊和上下殿宇相通。南侧游廊又与一房山的爬山廊相连，正好将琳光三殿围成一个寺庙，巧妙地构成了一个独立的风景区。

最上层的"水精域"建在最陡峭的山岩上，这里地势险要，不过为了方便使用，廊前设计了弧形石阶，可见当时的设计考虑得周全。站在这里，远山近景、蓝天飞雁，眼前一幅美丽的画面，顿感心胸开阔，惬意无限。

水精域的下面是古井室，室内有一口古井。据说，在金元时期，古人曾利用这口井的水，建造了琼华岛西坡的"水景"，当时山泉石流，瀑布飞悬，煞是美丽。真是别有洞天。

白塔山的北坡是北海的艺术精华所在。它主要表现在仙山楼阁的境界。五步一楼，十步一阁，游廊曲折环绕，将建筑

与山势结合。各处互为相通，而又各为小景，每处景观又独具个性。既有山中的情趣，又有园林的情景，风景优美绚丽。

北坡高处有"揽翠轩"，轩前有赏景的平台，可远眺海北面的广阔风景。从"倚晴楼"下的城关向西行，从"紫翠房"后面进入山门，便可以到达琼华岛北坡的中层景区。沿着山路攀登而上就到了"嵌岩室"。由此经爬山廊至"环碧楼"的上层和"盘岚精舍"，在下方的山坡上就可见到"一壶天地亭"坐落在陡壁的旁边。一壶天地亭始建于清乾隆十七年（1752年），小亭四柱重檐四角攒尖，灰色筒瓦砖雕宝顶。造型和设置非常巧妙，建筑和彩绘都十分考究。由一壶天地继续穿岩洞蜿蜒而行，就到了北坡山腰的中心建筑"延南熏"。延南熏位于琼华岛北坡山腰的中心位置，延南熏又

称为"扇面亭"，因亭子平面完全是按照一把扇子展开的形状设计而得名。延南熏的两个斜边向北延长线形成的交点上，有一个石磙，来作为扇子的轴，亭子的前面用青石条砌成扇股的形状，成为一个扇面形的平台，可供人在此向北观景。设计既巧妙又美观。

在琼华岛的北坡西侧山腰上还有一座有趣的建筑，它是元代人依照古代神话故事，模仿秦朝的阿房宫和汉朝上林苑的景物而设置的，俗称"铜仙承露盘"。说它有趣是因为这里有一个铜制的仙人，它穿着秦朝时的

▲ 仙人承露台

衣服，面向北方，高举起一个铜制的托盘，向天承接着甘露。而这个托盘就是"承露盘"。如果你想更多了解铜仙承露盘的传说和价值的话，可以去查阅资料，历史上有很多记载。

历史文化

[铜仙承露盘]

　　高高耸立在琼华岛北坡的铜仙人叫"铜仙承露盘"。据说它是秦汉时期的遗留下来的，早在秦始皇统一中国以后，将全国各地的武器收集到一起，进行熔炼，铸造成十二个铜人立在阿房宫前面。经过历史的演变，当时的阿房宫前的铜人变成了现在北海岸边的仙人承露盘。只见这位体态匀称、衣袖宽容的仙人立在高高的蟠龙石柱上，双臂舒展，面向海面，向人们诉说着曾经的辉煌。

　　另外，北坡从揽翠轩起、扇面亭、漪澜堂、碧照楼，一直到湖天浮玉码头，形成了一条贯穿琼华岛南北建筑的中轴线。

历史文化

[寺裹金山]

　　从琼华岛正北面向下看，有仿镇江金山江天寺"寺裹金山"的景致建造的一组月牙形的建筑群沿湖而建，这组精巧的建筑始建于乾隆三十六年（1771年），至今已有二百多年的历史。这组建筑长约300多米，延楼和游廊分为上下两层，各60间，游廊的外围环绕300米的汉白玉石栏杆。延楼上层东、西两面有"碧照楼"和"远帆阁"。名字有碧水映照，远观水帆之意。整组建筑依山傍水，雕刻精美。从一边望起，一根根圆柱，一道道彩廊，充满艺术与想像的空间。

　　琼华岛东坡古树参天，山路弯弯，山花烂漫，绿草茵茵，花鸟相伴，环境更为静谧、幽雅。半月形的砖城依山而建，坐西朝南，半月城原来称为"般若香台"。半月城的城中央有一座已有二百多年历史的大殿，名为"智珠殿"。殿额题为"般若香台"，楹联题为："塔影回悬霄汉上，佛光常现水云间"。曾经到这里的人都会感同身受。当你漫步在半月城的时候，透过阳光和参天大树，光影交错，蓝天白云下高高耸立的白塔，若隐若现，真是风吹叶动见塔影，犹如穿梭云雾间。

　　乾隆皇帝的一首《般若香台》诗题道："小小团城已绿芜，香台自昔供文殊。梦中有藉留题壁，世上何人识智珠。"从诗中可以得知，智珠殿内曾经供奉文殊菩萨。

　　智珠殿的南北两侧有四座相对称的牌楼，牌楼与来往半月城的四条山路相通。在半月城的脚下，还有一座四柱三楼的牌楼，它是北海古牌楼中的精品之作，结构非常精巧。

此外，有这座牌楼的衬托使智珠殿的建筑更加壮观，也使般若香台的景色显得更加优美。

"琼岛春阴"碑矗立在智珠殿北面的山脚下。碑上有乾隆皇帝所刻的"琼岛春阴"四个大字和诗词。诗词的内容描绘了乾隆皇帝对琼华岛美景的赞叹，也表达了乾隆皇帝当时忧国忧民的心情以及美好的愿望。石碑的下面有两个直径约1.67米的圆

形大石盘，石盘中有精美的虬龙浮雕。古时在石盘中注入清水，石刻的虬龙盘映在水中，姿态优美动人，活灵活现，就像真龙卧在水中一般。高超的雕刻技术和生动的动物形象相结合，寄托了当时人们的精神向往和对神灵的崇

▲ 琼岛春阴碑

拜，仿佛将人们带回远古的神灵世界。

这一刻一雕两件难得的艺术精品，形象逼真地刻画在现实的园林环境之中，再现了帝王的历史情感和皇家对神灵的膜拜。

整个琼华岛面积不足7万平方米，高不过百步，但这里却容纳百川，群英荟萃。各种建筑雄伟壮丽的宫院殿堂，造型精巧优美的亭台楼阁，蜿蜒盘旋的游廊小道，高树低柳与青山绿石相配，更有美丽的白塔像圣洁的公主一般亭亭玉立。或蓝天白云下，或

▲ 见春亭平面图

57

皇家园林

北海公园

▽ 见春亭立面图

华灯初上时，这里都像令人仰慕的天宫，又像神仙居住的仙山，无论从园中的哪个方向欣赏，都如传说中的瑶池仙境一样美丽。

濠濮涧

位于北海东面的"濠濮涧"是一处仿江南园林形式而建造的园中之园。始建于乾隆二十二年（1757年）。这里环境清新雅静，山水亭榭古朴自然，是皇帝赐宴大臣的地方。

濠濮涧坐东朝西，宫门为一明两暗三大开间。门上有匾，题为"云岫"，廊柱上有楹联，题为"风月清华迎四季，水天郎澈绕三洲。"这里的"三洲"，指的就是传说中的蓬莱、方壶和瀛洲三座仙岛。从这里能看到琼华岛上端的佛塔高耸入云，好像是云彩中的仙境景象，所以取名"云岫"。

▲ 濠濮涧立面图

建筑景观

[濠濮涧]

北海东岸的濠濮涧绿树相围，游廊相连，亭堂相通，牌坊相间，楹联生辉。经过山下的牌坊门，沿游廊向上，过亭堂，穿房室，跨小桥，沿山道，满园生机，妙趣横生。由东可到达画舫斋、船坞和先蚕坛，还可到北海北门，向南是北海东门，和景山隔路相对。

濠濮涧的水来自于浴蚕河，河水穿过东北侧鸳鸯桥，两岸峰峦叠起，桥下水声潺潺，不由得让人心旷神怡。从北侧沿桥上路下山，峰回路转，便到了濠濮涧北侧的石牌楼前。牌楼以青石为材料，仿木质结构。

青石牌楼北面的楹联上题"蘅皋蔚雨生机满，松嶂横云画意迎。"匾题为"汀兰岸芷吐芳馨"。将视线完全打开，眼前的景象会让人深深感觉到诗的意境。迎面的九曲青石桥把一池碧水一分为二，东有荷花映日，西有睡莲盼月，桥下鸳鸯戏水，水中鱼儿畅游。岸边郁郁葱葱，生机满园，情趣无限。

知识百科

[牌楼石刻]

牌楼南北两面都雕刻有阳文的楹联。阳文石刻和阴文石刻是形成对比的石刻艺术，但阳文石刻看起来明显，更有立体效果。而且制作工艺难度也更大。所以濠濮涧牌楼的精美雕刻可算得上是北海的绝无仅有之作。

▼ 濠濮涧鸟瞰图

这里就是如诗如画的濠濮涧水榭，再看水榭的楹联："晒林木清幽，会心不远；对禽鱼翔泳，乐意相关。"又题"画意诗情景无尽，春风秋月趣常殊"。品味着诗的意境，享受着眼前的美景，真是如痴如醉。

当年简文帝来濠濮涧游玩，对这里的情景流连忘返，主张要亲近大自然。清净无为，避开官场争斗，情愿隐居于世，

[濠濮涧园景]

濠濮涧园内中间是一个不大的水池，周围由土山环绕，筑山叠石的小路边满是趣景，一座九曲雕栏石桥架在水上，玲珑精致，简洁朴实，桥的尽头处的一座单檐歇山的建筑就是濠濮涧，它坐落在池水南边，三面临水，绿树相映，古朴典雅，一园石色水光，芷吐芬芳，静坐冥思，尽享画境妙趣。

▲ 濠濮涧园景

逍遥自在的庄子也对濠濮涧的美景钟爱有加。这些历史典故是乾隆所歆羡的。

虽然乾隆皇帝圈地建濠濮涧，没有道家的思想境界，只是附庸风雅，完全是为了满足自己的玩乐。可是却以其景致自然淳朴、简洁幽雅的风格成为后人游玩、欣赏的最佳去处。濠濮涧也因此成为北海著名的园中之园。

[石牌楼]

山石相映的雕栏小桥，由光滑平整的石板铺成，两边的石栏杆上是方的石柱头，上面有细致的花纹雕刻。沿桥漫步，迎面立有一座两柱单楼的小石牌坊，石牌坊由青石砌成，楼顶是琉璃筒瓦，小巧别致。简洁古朴的九曲栏桥和小石牌坊使这个小园更显得自然天趣，就如牌楼的额题所写的"山色波光相罨画"。

▲ 濠濮涧石牌楼

此外，濠濮涧不仅环境优美，它的布局设计也非常精巧。濠濮涧南北两个入口，都西向着太液池。两个入口的处理形式不同，在整体上又形成联系以对比。南进北出，或是北进南出，内外空间景物的联系和展开的程序也完全相反，感觉效果也截然不同。濠濮涧所追求的造园意境更丰富，更具艺术魅力。

濠濮涧规模不大，建筑不多，但是变化丰富多彩，在山水相映，回旋错落中，形成了一个清幽深邃的境界。

静心斋

静心斋是北海北岸的主要建筑组群之一，也是北海的另一处精美的园中之园。原名"镜清斋"，创建于清乾隆二十年前后。北海在乾隆前期曾进行了大规模的全面修建，我们现在看到的北海大部分的建筑都是这一时期建成的。而镜清斋的建筑又有后来的添加，才成为今天我们所看到的模样。

镜清斋改名为现在的静心斋，是有一定的历史原因的。清朝末年，慈禧太后掌权，她十分喜欢镜清斋这个地方，就对这里进行了大规模的整修，增建了叠翠楼，又设了小火车，可以从中南海直达镜清斋门前。可见当时慈禧的生活是多么的奢侈。这时，刚刚镇压了太平天国革命没多久，正值清王朝内忧外

▲ 静心斋内摆设

患，危机四伏。慈禧敏感地意识到"镜清"与"靖清"谐音，出于忌讳，便在重修后改称"静心斋"了。看似合乎逻辑，实则很牵强。这一更改，无论从思想性和艺术性上，都大大下降了。原来的名称"镜"与"清"二字都反映这一园林自然景物的特色，并带有一定的政治色彩。不过由于今天已经流传开来，大家也就习惯了。

静心斋是一座行宫式的园中之园。西边与西天梵境寺相依，东边有一座小山相枕。南部与碧波荡漾的水面相连。建筑群随着山势和地形的变化，高低错落、曲折参差，变化丰富而又自然巧妙。

另外，园内多个斋室厅堂绕池而建，各类建筑自成院落，而又互相贯通，环环相扣。形成了循环曲折的园林景观。又经颇具匠心的细致处理，堂前院后建筑多个小水池，栽植花木，使空间景物层次极富变幻，曲折有致，成为清代皇家园林艺术中难得的艺术精品。

▼ 静心斋全景图

▲ 静心斋一侧入口

建筑景观

[静心斋假山]

　　园内的假山名不虚传，去过的人们都会对此留下深刻的印象。这些假山石大多采用太湖石堆叠而成，玲珑剔透的山石堆积成山峦深幽的假山群，山岗深壑，虚实相间，忽高忽低，婉转有势，变化多端。假山下的山洞内更是别有洞天，悬崖峭壁，迂回曲折，深邃幽静，峡谷幽深，惊险刺激之时，又不免对这精湛叠造艺术深为感叹！

　　镜清斋是园内的主体建筑，它面宽五间，前面有一排圆形润滑的檐柱，并带有观景廊。抬头上望，苏式彩绘古朴典雅。镜清斋厅前有乾隆御笔匾额："不唯物先"。 殿内设御座，金玉满堂，另摆放有精致的"雕龙屏风"一架和珍贵的"百子漆贝方瓶"一对。室内宽敞明亮、优雅明净。院内东西两侧各有九间回廊，南北有罗汉栏板及方首望柱，古朴大

▲ 静心斋假山

方。院中心一池清水，倒影如镜，令人遐思。正如乾隆诗称"临河构屋如临镜，镜影涵虚惬旷怀。""凭观悟有术，妙理契无为。"整个画面颇能体现"镜清"二字的思想性和艺术性的深刻涵蕴。

　　穿过镜清斋两侧狭窄的夹道，眼前豁然开朗，这里就是第二进院落"沁泉廊"，沁泉廊也是全园最大的院落，院内空间十分开阔，主院东西长约100米，南北纵深达30米，廊前潺潺流水，廊后有怪石叠山。院南面有自然曲折的河池，由西向东堆叠嶙峋跌宕的假山。假山气势雄浑，横峰侧岭，

▲ 沁泉廊

▲ 爬山廊

▲ 园中石桥

▲ 假山与枕峦亭

周建筑连缀游廊，错落有致，既方便游赏院中的景色，又成为山池的陪衬。整个景区，筑山理水，峰峦起伏，曲径幽深。在因地置宜的条件下创作出了理想而又不失真实感的自然山水景色。

镜清斋东侧的三重院落，园内奇石点景，松柏成林，四季如春。院落布局十分简洁，屋檐连缀，墙垣回环，院内大片的竹林运用了"移竹池窗"的造园手法。既美化了环境，又充分体现了中国古典园林中"竹物寻幽"的园林意境。院内东房两间名为"韵琴斋"，正房三间名为"抱素书屋"。屋前池水涟漪，青竹一片，微风吹来，沙沙作响的竹声犹如屋内轻轻的翻书声，又好比是韵琴斋的琴声优

高低参差。岗峦沟壑，迂回于山体之中，山腹中还有山道盘旋，连接着整园的东西交通，既突出了山势的层次感，又丰富了游赏景观的内容，别具情趣。与山体相联，四

建筑景观

[静心斋建筑群]

静心斋是著名的园中之园，也是北海中最具特色的园中景观。静心斋周围被围墙环绕，自成一体。园内随意地布置着亭、台、楼、榭等小建筑，又以爬山廊互相连通，中间又有精致的小桥点缀，自然天成。这里近看水波清澈，玉石洁白，山石层叠，苍松挺拔，远观屋宇参差，丛林簇拥，一派静寂幽深。

▲ 镜清斋厅堂前荷池

[静心斋半壁廊]

　　半壁廊的建造是静心斋设计的重要的因素，廊子沿着山峦叠嶂起伏，并连接建筑。半壁廊靠外的一面，由数根柱子支撑，间隔和谐，下面设有木栏杆，可作游人的扶手。靠山的一面再筑设墙壁，墙上部设了棂格窗，红色的窗子和淡色的墙壁及深绿色的柱子形成鲜明对比，色彩亮丽。爬廊观望，全园景观一览无遗，顺廊穿行，步景转移，别有情趣。

[静心斋抱素书屋]

　　静心斋室内的布置十分考究，各类陈设都是具有代表性的清式家具，从室内的摆设可以看出这里是书房，即当年乾隆作诗写字的地方。桌上的书画墨台，排放整齐，案台上的古玩器具分列有序，充满浓浓的墨香诗味，室内楹联题为"一室之中观四海，千秋以上验平生"。

扬。山水知音，情景交融，这里的优雅环境曾作为清朝皇太子读书和弹琴的地方。

　　"叠翠楼"位于全园最高处，也是全园最高的一座建筑。叠翠楼东面有三十五间为起迷惑作用而设制的高山半廊，向东连接"罨画轩"。西南有二十七间垂带走廊与"画峰室"相接。罨画轩和焙茶坞之间有走廊八间，而且前后各有景地。这样四周以游廊相围合，形成了环形建筑，与主体建筑沁泉廊隔池互应，烘托出以水池为中心的园中布局，建筑高低错落，景致如画。另外，叠翠楼作为全园的最高点，登楼而上，不仅可以俯瞰静心斋全园的景

观，还可远眺琼岛春阴、太液秋波、景山秀色、西天梵境，借景入园，更增添了山外有山，楼外有楼的意境。这也充分体现出中国古典园林造园艺术上小中见大的造园手法。

◀ 静心斋罨画轩

▼ 静心斋园景

63

皇家园林

北海公园

北海北岸

　　顺着静心斋向西的整个区域是北海的北岸景区。建筑安排比较周密，基本上是佛教性质的建筑，而且建筑群组之间都用小土山相隔，主要建筑大都安排在后部，沿水面增置了亭阁、牌坊等小的建筑。形成了北海北岸园林景观的独特风格。

　　高大的"西天梵境"为一座大型佛寺，又名"大西天"。寺内有"大慈真如殿"和"琉璃阁"，四周有游廊塔亭环绕。西边有院落，院内建"大圆智境宝殿"，现在已经不存在了。不过庙前的九龙壁仍然保存完好，它不仅外观精美而且是全国惟一的一座古代留传下来的双面九龙壁，是一件十分珍贵的工艺品。

建筑景观

[西天梵境门]

　　西天梵境门是一座三洞四柱七楼的彩色琉璃牌楼，拱券门洞宽阔通畅，赤红色的牌楼，中间以稍低的琉璃壁相间隔，楼顶上覆盖的琉璃筒瓦色彩绚丽，在阳光的照耀下，显得十分华丽，高大壮观，正面匾额为"华藏界"，里面匾额为"须弥春"，由外入内，便可进入神秘的佛门净地，站在牌楼下向外看，眼前是浩瀚如烟的碧波和须弥仙境的琼华岛。

▼ 西天梵境门

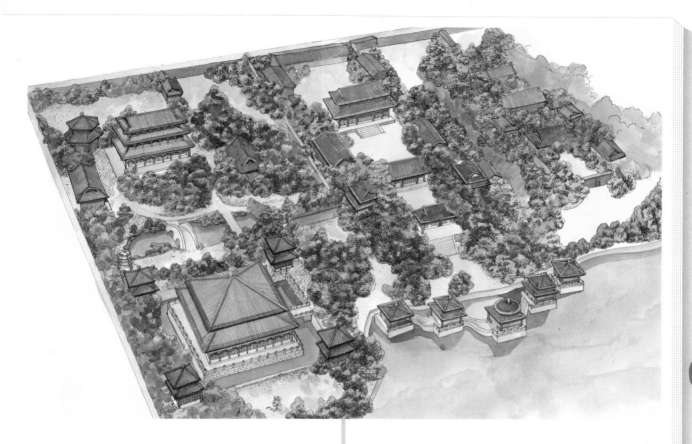

北海北岸鸟瞰图

　　九龙壁是一座精美华丽的琉璃建筑,建于乾隆二十一年(1756年),已有二百多年的历史了。传说是乾隆皇帝看了山西大同城内明朝代王府门前的九龙壁以后仿建的。

　　这座九龙壁高6.5米,厚1.2米,长27米。全壁采用黄、白、紫、绿、赭、蓝六种琉璃砖瓦镶砌而成,色彩绚丽。九龙壁的东端嵌有山石、海水、流云、日出等图案,西端嵌有海水、明月图案。九龙壁的两面各有9条蟠龙和海水江崖,整个九龙壁中共有635条蟠龙戏珠于惊涛海浪之中,姿态各异,栩栩如生,仿佛要腾空越壁而出。此等精美的建筑实为罕见!

　　"澄观堂"和"阐福寺"为一组并列的建筑。澄观堂曾是乾隆游北海时休息的地方。阐福寺内正殿供奉释迦站像,故又名"大佛殿",大佛殿因一场大火被焚后至今没有修复,不过从它的旧照上可心看出佛殿当时的高大威严。殿前有中

历史文化

[九龙壁]

　　造型精美的九龙壁位于北海公园北岸,是园中的一件宝物。当年八国联军洗劫园林,壁后的真谛门和整组大殿都遭到了严重的破坏,只有九龙壁免遭此灾,在熊熊大火中依然完好无缺,这不得不说是一个奇迹。也许是因为它建筑坚固,牢不可破,也许是它气势甚大,令当时的强盗们畏惧,也或许是有众多巨龙保护,龙海云翔,可以扑灭火焰,以保独存。

建筑景观

[五龙亭]

五座精致的亭子与琼华岛隔海相望，中间的龙泽亭上圆下方，重檐顶，上面覆盖琉璃瓦，亭内井口天花中间设有鎏金。左右两座亭子都是重檐方形，向东面两座依次是澄祥亭和滋香亭，西面的则称涌瑞亭和浮翠亭。亭与亭之间有小石桥相连，各自独立而又统一整体。远远望去，犹如一条游龙盘卧在岸边，形成独特一景。

心对称的五座亭子，五座亭子的造型犹如五条在水中的巨龙，气势磅礴，生动形象，因此称"五龙亭"。五龙亭之间还有曲桥和汉白玉石栏桥相连，曲折回旋，又好比是五条龙的胡须一样，弯弯曲曲，构成了北海一道美丽的风景线。

极乐世界"小西天"和"万佛楼"是一组庙宇。万佛楼始建于乾隆三十二年（1767年），是为庆祝皇太后寿辰而建的。据记载这里曾经供奉有金无量寿佛14706尊，大佛重588两，小佛58两，可惜由于历史的原因，万佛楼已经被毁，这些金佛被一抢而空，后又几经拆改，现在已经面目全非了。小西天又称"极乐世界"。因大殿中建有彩色的极乐世界山

▶ 五龙亭

▼ 九龙壁

▲ 九龙壁局部

▲ 极乐世界殿内

而得名。极乐世界大殿的四面是四座高大的彩色琉璃牌坊，四角建有角亭，角亭外四周环绕着荷花池，殿前面有不足100米长的月牙河。整个大殿和周围的景致倒影入水，有蓝天白云相映，荷花绿叶相衬，景色非常美丽。

从北海北岸的几座寺庙整体来看，殿宇规模宏大而且具有很高的设计水平，建筑形式上统一而又各具特色，形成了北海的特殊景观。同时也反映了皇家对佛教文化的重视，突出了皇家园林在建造上的佛教风格。

皇家园林

北海公园

避暑山庄位于河北省承德市，是清朝皇家政府最大的离宫苑囿。始建于康熙四十二年（1703年），于乾隆五十五年（1790年）完成了全部建筑。前后共建七十二景，占地面积达570公顷，是北京颐和园的两倍，为我国现存占地面积最大的皇家园林。

避暑山庄的兴建与清代皇家实行的狩猎活动和政治战略有关。康熙皇帝亲政以后，为联合北方各少数民族，巩固北方的战略，于康熙二十年（1681年），在蒙古各部的中心地带的草原上建立了木兰围场。而避暑山庄正好处在从京都到蒙古草原交通要道的中部，便可作为从华北平原各地到木兰

山林野趣显皇威
避暑山庄

围场的驿站。避暑山庄便成了每年举行的"秋狝之礼"时的行宫，以提供旅途食宿和储备养料。另外每逢大典之时，皇帝就亲临围场，演兵习武，蒙古

建筑景观

[避暑山庄门匾]

上刻"避暑山庄"的大门是阅射门，它是行宫的大门，但看上去就像是一般高官府第的大门，并不炫耀。平整门板上涂抹油漆，光亮可鉴，笔力圆润、苍劲有力的四字匾额出自康熙皇帝御笔。当年皇帝北巡时，经常在这里举行阅射活动，所以又叫阅射门。

▼ 避暑山庄示意图

建筑景观

[避暑山庄胜景]

　　群山环绕的避暑山庄以奇、秀、险突出了园林的景观，成为皇家围苑中的一处自然山水园林。行宫区殿宇林立，气势庄重，湖光山色，峰峦叠嶂，绵延的群山巍峨盘踞，湖中岛屿玲珑精致，气势恢宏的园林胜景是皇家重要的造园艺术珍品，也是今天人们享受山林野趣的好去处。

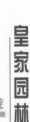

各部受邀到围场打猎。每次围猎结束后，蒙古王公大臣还随皇帝回到山庄，接受款待和封赏，并一起欣赏在山庄举行的各种精彩的活动。这些活动促进清朝政府和北方少数民族的大团结，以实现众志成城，共同防止外来的侵略，稳固国家政权。

　　从历史方面来看，避暑山庄的兴建，对巩固国内统一、维护领土完整起到了一定的作用。而且皇帝年年都来此避暑，并处理政务，接待大臣使者，从康熙至乾隆期间，避暑山庄成为清政府在京都以外的一个重要的政治中心。

▼ 下　湖

▲ 四知书屋陈设

皇家园林

避暑山庄

▲ 避暑山庄丽正门

避暑山庄位于武烈河西岸，北为狮子沟、狮子岭，西为广仁岭、西沟，南为市镇用地。外部受地形的变化山庄蜿蜒起伏。园内景区变化丰富，其中五分之四为山峦，五分之一为平原和湖沼，是一处以自然山水为主的大型皇家宫苑。从山庄的整体布局来看，全园主要分为行宫区和苑景区，行宫区主要是宫殿建筑，庄重肃穆，一派严谨。苑景区又分为湖区、平原区和山峦区，湖区景观虽不像颐和园的昆明湖那样浩如烟海，不过依自然优势又经人工的塑造，湖面景观也毫不逊色，尤其是烟雨楼和金山两组建筑群构成具有江南特色的园林风景，因此湖区景观也是别具特色；平原区位于湖泊区以北至山麓的大片区域，这里以万树园和试马埭两处景点为主，使山庄具有异域风情而形成浓郁的塞外风光；山峦区主要以自然山峦峪谷为主，突出了山庄的雄伟气势和野趣风味。四景区风格各异，分别表现出不同的园林景色。共同组成了避暑山庄的园林盛景。

宫殿区

宫殿区在山庄的南部，南面与市区相邻，北面与湖区相连，西边靠着山区，占地面积156亩，是山庄总面积的五十分之一。由正宫、松鹤斋、万壑松风和东宫建筑群组成，是过去皇帝处理政务、举行庆典和居住的地方。

历史文化

[丽正门]

丽正门为正宫的前门，也是避暑山庄的正门，建于乾隆十九年（1754年）。"丽正"二字出于《易经·离卦》"日月丽乎天，百谷草木丽乎土，重明以丽乎正，乃化成天下"。意思是说帝王只有像日月附于天、百谷草木附于地那样附于正道，才能教化统治天下。这一方面是乾隆皇帝的自勉，另一方面也是在向世人宣示他的英明之德。门口两侧有两尊象征帝王权威的石狮，石狮东西两边是"下马碑"，碑上用四种文字刻着"官员人等至此下马"，意思是除皇帝以外的所有王公大臣到此碑前都必须下马步行入宫。另外门口的正南面是长九九八十一尺、高二九一十八尺的红色照壁，将皇帝宫苑与市井隔开，这也体现了皇帝与百姓之间明显的尊卑之分。

正宫是山庄内的主要宫殿群，建成于康熙五十年至五十二年之间，后在乾隆十九年又进行了修建，占地面积1万平方米。宫殿南面为主要宫门丽正门，北临塞湖，西连群山，东接松鹤斋。整个正宫按照前朝后寝的传统宫殿布局模式布置。以万岁照房为界，前面是皇帝处理军机政务的"办公区"，主要建筑有澹泊敬诚殿、四知书屋。后寝主要建筑有烟

◀ 避暑山庄门前铜狮

建筑景观

[避暑山庄宫殿区建筑群]

正宫区的建筑布局分布合理,严谨整齐。丽正门就是山庄的大门,区内建筑从前到后依中轴线顺序排列,依次为阅射门、塞门、澹泊敬诚殿、依清旷殿、十九间房、烟波致爽殿、云山胜地,最后面的是后宫门岫云门。前后共有九座主体建筑,是我国古代建筑中最高等的殿堂进深形式。两侧的殿堂组成不同大小的居住小院落,整个区域殿堂林立,布局严谨,气势甚大。

波致爽殿、云山胜地楼等,这些建筑自南向北形成一条轴线。

澹泊敬诚殿是避暑山庄正宫的主殿,其功能相当于北京故宫的太和殿,是清代皇帝在避暑山庄时举行重大庆典和重要政治活动时的场所。

澹泊敬诚殿建于康熙五十年。乾隆十九年又重新用楠木进行了改建,所以又称"楠木殿"。这座大殿面阔七间,进深三间,歇山卷棚顶,灰瓦砖,豆瓣大的大理石铺成的地面。殿内有紫檀镶黄杨木的地坪和御用的宝座。宝座背后屏风上面有一幅表现男耕女织安居乐业的太平盛世景象图,布置简单大方。大殿内中间悬挂着康熙亲笔题的"澹泊敬诚"的匾额。殿名取自诸葛亮《戒子书》中的"非澹泊无以明志,非宁静

皇家园林

避 暑 山 庄

▲ 宫殿区鸟瞰图

▲ 澹泊敬诚殿

知"体现的是乾隆皇帝对天下臣子百姓采用的"刚柔相济、恩威并施"的政策。

以四知书屋的后面"万岁照房"为界的前朝建筑庄严肃穆,后寝则是花木相间、堆石叠山,颇有几分园林的气息。万岁照房殿堂,面宽十九间,又俗称"十九间房"。这里是宫女侍班及存放庆典物品的地方。

▲ 澹泊敬诚殿内摆设

无以致远"。康熙非常喜欢这两句诗,并把"澹泊"当作自己的座右铭。淡泊名利、恬静寡欲的意境和殿内淡淡的楠木清香使这里一派古朴典雅、庄重肃然的气氛。

经过澹泊敬诚殿便是"四知书屋"。这里是皇帝上朝前的休息场所。"四

建筑景观

[澹泊敬诚殿]

澹泊敬诚殿位于山庄宫殿区,这里是举行大型活动和处理政治事务的地方。殿内陈设十分考究,四字匾额下面有皇帝宝座,四周各种饰物合理安置,庄重肃穆。当年乾隆皇帝重建这座大殿时,从云南、四川地区运来大量的楠木,用于殿内的各种装修。梁架、门窗、栏杆、挂落都采用本色的楠木制成,进入殿内,会有淡淡的楠木香气。

▲ 澹泊敬诚殿内景

知"取自《易经》:"君子知微、知彰、知柔、知刚,万物之望。"此殿面阔五间,进深两间。东面一间是皇帝休息、更衣和上朝时进用茶点的地方,西间是用来召见大臣、处理国家大事的地方。另外,据说殿名"四

"烟波致爽"是寝宫区的主殿,位于万岁照房后面。此殿坐落在一个方形封闭的院落之中,四周有围廊环绕,院内有松柏成荫,绿草丛生,环境颇为优雅清静。主殿面宽七间,前后有廊,卷棚歇山顶。殿内分四个部分。中间为厅,是皇帝接受后妃们朝拜的地方。厅正中悬挂着康熙御笔"烟波致爽"匾额。匾下贴有斗大的"福"字,左右挂条幅,精致好看。中间设有宝座及陈列各种古玩茶几,室内陈设考究豪华,富丽堂皇。

建筑景观

[澹泊敬诚殿前铜狮]

澹泊敬诚大殿前蹲坐着的一只大铜狮子，全身铜制，锃光发亮，卧蹲在高高的石底座上，周围有铁栏杆护围，只见这只大铜狮张牙怒目，气势汹汹，形象生动，在古树丛荫下更显雄伟磅礴。

▲ 万岁照房

▽ 四知书屋

东间是皇帝与后妃谈话或临时用膳的地方。西间设有佛堂并有皇帝的寝室，又称"西暖阁"，是清代皇帝每次来避暑山庄居住的地方。康熙、乾隆、嘉庆、咸丰都曾在这里住过，而且嘉庆、咸丰两位皇帝都病死在这里。

清朝影响历史的两个重大政治事件也都发生在烟波致爽殿的西暖阁。一是咸丰在病榻上批准了丧权辱国的《中英北京条约》《中法北京条约》《中俄北京条约》，并追认《中俄瑷珲条约》有效，这使我国丧失了大片领土和主权。另一件是，咸丰临死前，在西暖阁口谕遗诏立年仅六岁的载淳为皇太子，命载垣等众大臣协助一切政务等，这是历史上有名的

建筑景观

[澹泊敬诚殿院落]

灰瓦淡色的建筑简单大方，砖砌的墙面自然和谐，这里还种植各类树木，青翠嫩绿，树旁墙角还筑以假山石点缀，整个院落阁楼单檐、假山绿树相围，中间平整的青翠草地更显自然清新，宁静幽深。

建筑景观

[四知书屋]

　　四知书屋位于宫殿区澹泊敬诚殿的后面,院落前碧绿的草地让人心情舒新。单檐卷棚顶的小门楼十分精巧,灰色的瓦屋顶简洁古朴,砖砌的山墙和谐自然。避暑山庄的建筑大多都相对矮小,而且色调简单,和外八庙金碧辉煌的建筑形成鲜明的对比,这也许是为了突出山庄园林的自然景观,也许又深含某种政治意义。

▲　烟波致爽殿

　　"辛酉政变",也叫"北京政变"。从此导致了慈禧"垂帘听政"统治中国长达半个世纪。国家的沧桑,历史的巨变,在这里都有了印证。

　　烟波致爽殿北面是"云山胜地",它是一座面阔五间、上下两层的小楼。这座小楼的楼梯设计得也非常巧妙。楼梯隐藏在假山中间,沿假山盘旋登楼而上。放眼望去,西边有威武的山峰,北边有辽阔的草场,东面湖光岛景一览无遗。真是眼界辽阔,心境开豁。怪不得康熙称此地为"云山胜地"呢!

▼　烟波致爽殿内景

松鹤斋继德堂

　　位于正宫东面的是"松鹤斋"。这里是乾隆皇帝的母亲住的地方。在刚开始建避暑山庄的时候，康熙皇帝在榛子峪

万壑松风建筑群

为他的母后建造了"松鹤清樾"，乾隆也依他祖父的做法为他母亲孝圣宪皇后建造了一座斋院，取"松鹤延年"之意，题名为"松鹤斋"，以让其母亲在此颐养天年。由此可见康熙、乾隆两位皇帝不仅治国有方，还是至亲至孝之君。

　　另外，松鹤斋建筑格局与正宫相似。依七间大殿"松鹤斋"和同样是七开间的"继德堂"为主体建筑，由南向北依次是乐寿堂、畅远楼、垂花门。乐寿堂是皇后的寝室，畅远

楼与正宫的云山胜地形制相同，是供皇后观赏景观用。垂花门是后宫门，与北面的"万壑松风"仅一路之隔。

　　万壑松风是宫殿区建造最早的一组建筑。始建于康熙四十七年（1708 年）。这组建筑风格非常独特，不像帝王宫殿那么规则、严整，也没有明显的对称格局，而是采用自由设置，灵活巧妙，独具个性。以"万壑松风"、"鉴始斋"、"静佳室"为主要建筑。

　　万壑松风殿后来为什么又被改为"纪恩堂"了呢？据说，乾隆皇帝从小聪明过人，康熙非常喜欢他，经常带他到避暑山庄来，让他在"抑斋"殿中读书，还

皇家园林

避暑山庄

建筑景观

[万壑松风]

　　位于正宫东北部的万壑松风建筑群主次分明，布局合理。坐落在院落后面的正殿，和周围的建筑以游廊彼此相连，殿宇错落，庭院宽阔，后面有古树映衬，环境清幽。以纪恩和鉴始斋两座建筑最为著名。

令年轻的妃子细心照顾，并让他伴随处理政务，早日熟悉政界生活。乾隆当上皇帝以后，第一次到避暑山庄就给万壑松风改成了"纪恩堂"，为纪念他对祖父康熙的感恩。而且还将自己曾住过的"抑斋"殿改为"鉴始斋"，以缅怀康熙对自己的鉴赏之恩。

东宫的门殿与山庄的德汇门相对，位于松鹤斋的东面，是乾隆皇帝处理重要政务、举行大典的地方，建于乾隆十九年（1754年）。主要建筑有"清音阁"、"勤政殿"和"卷阿胜境"等。

"清音阁"，又称大戏楼，是清朝皇帝为迎接外来贵宾及少数

▲ 万壑松风

民族看戏并举行宴会的地方，乾隆、嘉庆年间，每次举行完隆重的大典之后都要来这里赐宴、看戏。这座建筑规模宏伟，气势宏大。

▲ 云巊松扉

和北京故宫的"畅音阁"、颐和园的"德和园"有"清代三大戏楼"之称。

"勤政殿"和"卷阿胜境"都是皇帝的便殿。"卷阿胜境"是正宫最北边临湖的一座建筑，这里松柏苍翠，云雾缭绕。是皇帝陪同太后一起进膳的地方。大殿前后檐均为乾隆御笔"卷阿胜境"和"云巊松扉"。"卷阿"取自《诗经·大雅》一首诗的篇名，是召康公为劝戒周成王所作。乾隆以此来提醒自己不要只顾陶醉山庄美景而忘记国家大事。

建筑景观

[云巊松扉]

云巊松扉和卷阿胜境是同一座建筑，位于避暑山庄东宫最北边。大殿面阔五间带三间抱厦，这里是少数民族首领和王公大臣接受皇帝赏赐的地方。"云巊松扉"是大殿的后檐的题额，意为描写此处的美好景色。

湖泊区

位于山庄的东南部，在宫殿区北面，南与平原区相连。这里主要以泉水和涧水汇集而成的水面为主，并与各种人工桥堤形成了不同形状、风格各异的湖泊，有澄湖、上湖、下

湖、银湖，其中有环碧岛、如意岛、月色江声三岛互相交映在塞湖中间，形成了"一池三山"的蓬莱仙境，组成中国皇家苑囿的传统布局，使湖区的布置自由放松而又严谨有序。每个岛上还有不同风格的建筑，最著名的有青莲岛上模仿江南风格的烟雨楼和金山岛上的金山。整个湖区，洲岛交相辉映，湖光水波荡漾，亭台楼榭妙趣横生，构成一幅美丽的仙境画面。

与芝径云堤相连接的最小一个岛是环碧岛，因为它四面环水，坐落于如意湖之中，所以称为"环碧"。环碧岛上布局安排紧凑，主要由西南方向的两个院落组成。东院为"澄光室"，西院门额两面分别镌刻"拥翠"、"袭芳"四字。院落

建筑景观

[避暑山庄苑景区]

苑景区是整个山庄的精华所在，而湖区的美景更是精彩无限。山庄因山而巍峨，因湖而秀美，湖光山色，交相生辉。湖区内洲岛相连，参差错落，各类景点，美不胜收。这里近有"芝径云堤"形状奇异、"一池三山"三岛相映，远处平原白帆起影，其中对江南胜景的模仿更是湖区内的一大特色。

皇家园林

避暑山庄

▲ 湖泊区鸟瞰图

历史文化

[芝径云堤的由来]

　　康熙的《御制避暑山庄记》中提到"夹水为堤,逶迤曲折,径分三枝,列大小洲三,形若芝英,若云朵。"说的就是连接西面环碧岛、东面月色江声岛和北面如意洲的"芝径云堤",俯瞰岛堤,它就像一株灵芝草一样,长堤为芝茎,洲岛为芝叶,又好比互相连缀的云朵,将湖心的三个洲岛蜿蜒曲折地连接在了一起。据说芝径云堤是仿杭州西湖的苏堤构筑的。三岛相连形成了山庄湖区"一池三山"的仙山意境。堤上是青草丛生、绿柳成荫,堤下是水波倒映、湖光粼粼,整个景区云雾朦胧,如一幅众彩生辉的山水画卷。

▲　晴碧亭

得非常美丽,搭彩棚,设法船,还有众多僧人诵诗吟经,各式各样的活动非常有趣。还会点亮许多五彩缤纷的花灯,灯光闪闪,流光溢彩,热闹非凡。现在民间的"七月十五送河灯"的习俗就是从这里流传下来的。

　　从环碧岛沿芝径云堤向北就可以达"如意洲"。因为从表面上看它北面大,南面小,中间细长,形状酷似"如意"而得名。洲上的建筑大多始建于康熙年间。开始这里是作为宫殿区,是居住和处理政务的场所,直到正宫建成,这里便成了清帝吟诗、读书、赏景游玩的好地方。

内的建筑都非常精巧,院中花草簇拥,翠竹丛生,走进院落,一股草木芳香扑鼻而来,沁人心脾。正因为这里景色迷人,所以清代从康熙年间开始,这里每逢农历七月十五中元节,就会有大型的游园活动举行,称为"盂兰盆会"。这天岛上装扮

▼　采菱渡

环碧岛

建筑景观

芝径云堤

如意洲位于澄湖、如意湖和上湖之间，面积45000平方米，是避暑山庄湖区中最大的洲岛。岛上建筑丰富，既有高大的殿堂、寺庙，又有小巧的园林楼阁，将北方四合院的建筑特点和南方的园林风格融为一体，形成了别具特色的山庄景观。主要建筑有，无暑清凉、延薰山馆、一片云和沧浪屿等。

[如意洲上的小牌坊]

小牌楼小巧别致，单檐顶，中间深蓝色匾额上"如意洲"三个黄色大字闪闪生辉，色彩对比鲜明，匾额两旁的花形小窗玲珑小巧，十分精致。牌楼两边的楼柱立在高高的方形石磴上，使这座小小的牌楼也略有一番气势。穿过牌楼，踏上木板小桥，走向桥那边寂静幽深的地方。

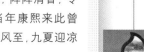

无暑清凉

一听"无暑清凉"这名字就知道是个夏天乘凉的好地方。景区由三进院落组成，在如意洲的中央以中轴线的布局由南向北依次排开。无暑清凉相当于门殿。正殿延薰山馆建筑古朴典雅，殿内陈设书画，布置简单。这里景色优美，湖面微风轻轻吹来，阵阵清香，令人心清气爽。当年康熙来此曾作诗"三庚退暑清风至，九夏迎凉称物芳。"

皇家园林

避暑山庄

建筑景观

[沧浪屿]

位于山庄湖区如意洲西北处的沧浪屿内有一个小院落，院落中间一座单檐歇山顶的阁楼坐落在水面上，面阔三间，灰色瓦屋顶，玲珑别致的门窗槅扇设计精巧。阁的檐下面是一池碧水，水池由山石砌成，方方正正。池岸周围又筑假山，叠山石，峭壁嶙峋，石池水影，妙在其中。

月色江声岛远景

沧浪屿坐落在如意洲西北角，是一座精致小巧的小庭院。庭院是仿苏州沧浪亭而建的。此园面积不大，园周围筑石叠山，建筑游廊高低起伏，互相环绕，并采用借景的手法，小中见大，形成一处别具趣味的小园中之园。

月色江声岛是湖区三大洲岛之一，在如意洲的东南面，上湖与下湖之间。岛上主要建筑有

月色江声岛上的雕塑

"月色江声"和"冷香亭"。月色江声为一个结合宫殿建筑模式的北方四合院式建筑，建于康熙四十二年（1703 年）。由于地处湖泊区的中心，环境深寂幽静，这里曾是康、乾两位皇帝读书的地方。又由于这里面

对下湖的不远处是"水心榭"，每当夜幕来临，天上美丽的月光洒在水面上，水声潺潺，荷花阵阵幽香，使人不由会想起《春江花月夜》等优雅的古曲。

以围廊和"月色江声"相连的一座方亭就是"冷香亭"，这里是深秋时节赏荷的地方。因为这里的荷花是敖汉莲，比较耐寒。另外由于热河温泉的水流到这里，水温度较高，所以荷花的开

建筑景观

[月色江声岛上的雕塑]

在月色江声岛上有很多这样的雕塑，个个形态各异，形象生动，有拉弓射箭的，有昂首举枪的，图中是一个手拿大锯，锯向木板的大力士形象，木板下面的长蹬子和锯木人头上的大辫子让我们想到清朝时的精工木匠。

放时间可以持续到比较晚的季节，直到深秋，还飘着淡淡的香气，所以称此地为"冷香"。

在月色江声的下面与下湖和上湖相交的部位是水心榭，它是一座水闸，水闸是为保持下湖以上的水位而建造的。它上面建有三个亭子，名水心榭，是湖上的重要景点建筑。

在水心榭东面的银湖中有一座小岛，岛上建有仿苏州狮子林的"文园狮子林"。苏州的狮子林以众多的湖石假山而著名，山庄的文园狮子林同样也是怪石嶙峋，奇形怪状的山

历史文化

[月色江声]

避暑山庄中的月色江声是一组四合院式的建筑群。中心建筑由前到后按中轴线排列，有静寄山房、莹心堂、湖山罨画，全一色的灰瓦铺成的屋面和红色的门窗及洁白的墙面形成鲜明的对比。四周湖水相围使院中环境寂静安宁。它的正前方是水声美景水心榭，后面有几块青石叫石矶，是当年皇帝临湖垂钓的地方。

月色江声岛鸟瞰图

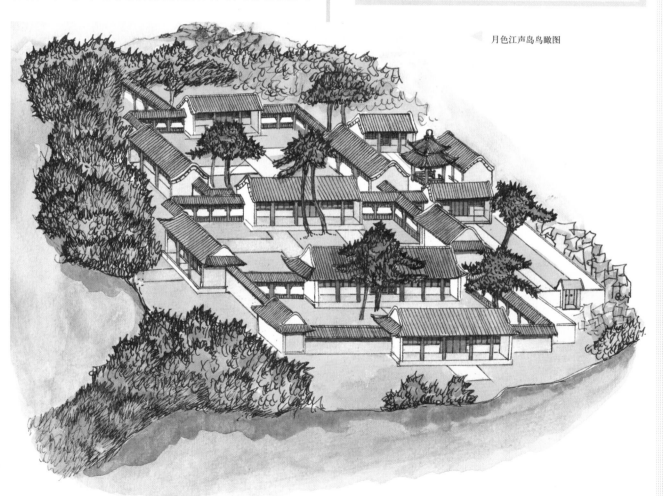

81

皇家园林

避暑山庄

最东边的"甫田丛樾"和"莺啭乔木"相隔不远。两座亭子分别为四角单檐方亭和八角卷棚长亭，额匾均为康熙所题。"甫田丛樾"意为"田地辽阔，碧绿连天"，这里以前有大片的田地庄稼，还种有瓜果，夏秋时节，一派丰收景象，颇具自然田园情趣。当年康熙常来此处小憩。"莺啭乔木"意为"黄莺在树林中婉转鸣啼"，与此处湖水荡漾，绿柳红花，百鸟清鸣的景象相映。

"莺啭乔木"西面就是"绿毯八韵"卧碑和近来铸造的康熙铜像。"绿毯八韵"碑体长2米，高2.5米。正面额首上雕有祝寿图，碑趺上刻有八仙像；背面额首雕刻有蝙蝠，碑趺上还刻有麋鹿，生动形象，全幅图案象征"福、禄、寿"三吉。碑身和碑面均刻有乾隆的御笔律诗。

▲ 冷香亭与月色江声岛上的雕塑

▲ 文园横碧轩旁的虹桥

▼ 水心榭近景

石和古建筑相映交错，外面有白色的围墙环绕，其景观也是别具特色。

在如意桥北、澄湖的北岸边，均匀排列着四座风格各异的亭子，自东向西依次是甫田丛樾、莺啭乔木、濠濮间想、水流云在。而且在中间还有"绿毯八韵"卧碑和康熙的铜像。

水心榭远景

知识百科

[水心榭]

在山庄湖区下湖与上湖的交接处，三座建筑依次排开，中间是一座三间敞榭，表面呈四方形，重檐飞椽，四面敞开。两边的亭子形制相同，重檐攒尖顶，上边设有宝顶。最边上还有一座三间两柱的牌坊楼，与三座亭榭相呼应，设计巧妙。另外，不管是亭榭还是牌楼，都是清一色的灰瓦屋面，赤红色木圆柱，在绿树翠柳的掩映下，更显得和谐统一，典雅古朴，水中倒影也十分美丽。

文园狮子林全景图

"绿毯八韵"卧碑北20米处，就是康熙戎装骑马铜像，威风凛凛。

"水流云在"在如意桥的西头，是一座五开间的方亭子，亭子的顶檐四个角，下檐外挑十二个角，所以又称"十六角亭"。康熙题名"水流云在"，取自于杜甫的"水流心不竞，云在意俱迟"，是溪水长流，浮云永在的意思。清代时，武烈河的水从这里流过，缓缓的流水和天上的浮云互相映照，动静结合，情趣自是妙不可言。

文园狮子林一角

皇家园林

避暑山庄

建筑景观

[濠濮间想]

　　这是湖洲区北岸的一组建筑群，中间靠后的一座两层小楼就是濠濮间想，几座亭子自由分散，形成独立的小院落。背后绿树相依，假山真石随意点缀，湖水清澈，鸟鸣枝头，一派浓郁的诗画意境。

▲ 水流云在

建筑景观

[水流云在]

　　位于澄湖北岸最西面的绿树丛荫下，一座重檐方亭子，顶檐四个角，下檐外挑十二个角，故称作"十六角亭"。站在亭子下面向上看，四周的翼角层层叠叠，形成别有趣味的景致，十分好看。站在亭内向外看，可以远望长湖美景，水天相连，云飞水流，使人不由想起杜甫的"水流云不竞，云在意俱迟"。

▲ 香远益清

历史文化

[濠濮间想]

　　"濠濮间想"是一座四面有窗的六角重檐的封闭式的亭子。"濠"、"濮"都取自水名，"濠水"在安徽省，"濮水"原是黄河的支流。"濠濮间想"景名来源于《庄子·秋水》的一个典故：春秋时期，庄子同他的好友惠施同游濠水，二人站在桥上，庄子看着水中的鱼儿说："鱼儿们悠闲自得是鱼的快乐。"惠施说："你不是鱼，怎么会知道鱼的快乐呢？"庄子则反驳道："你不是我，你怎么知道我不知道鱼的快乐？"后来庄子经常在濮水边钓鱼，过着"超然物外、自得其乐"的世外桃源的生活。康熙对庄子的这种"超然物外、自得其乐"的思想大为赞赏，就在山庄内修建了此亭，以便以此来畅想庄子的濠濮意境。

　　从水流云在沿长湖顺着林荫道北行，是相间在平原和山区的一处景观。此处以"曲水荷香"和"文津阁"构成主要建筑组群。

　　"曲水荷香"是一座大型的方形亭子，俗称"流杯亭"。亭内有奇形怪状的山石，湖水从北面流过来，自然形成了弯曲的水道，当夏雨来时，水池中的水面会有莲花瓣漂出水面，顺水而流，而且又有淡淡的荷花香气，所以称"曲水荷香"。可是为什么又叫"流杯亭"呢？相传东晋永和九年（353年）农历三月初三，大书法家王羲之与谢安、孙绰等42人在浙江

建筑景观

[文津阁建筑群]

文津阁建筑群坐落在山庄湖区与山区的交接地带，东边有湖水相伴，四周绿树成林，中间的楼斋整齐有序，只是有些建筑已经被毁，如最前方仿江苏吴县寒山千尺而建的面阔五间的"千尺雪"，它后面的宁静斋，左边以围廊相连的南北两殿，现在已经看不到了。文津阁坐落在建筑群最后部，采用两层楼阁式建筑，它是清代四大藏书楼之一。

绍兴西南的兰亭举行"修禊"（修禊，古代一种习俗，于每年阴历三月初三到水边嬉游，以消除不祥）之礼。他们都将酒杯放在流水上面，任其顺流而下，酒杯停在谁的面前，谁就要作诗一首。作不出的就要罚酒三杯。众人围坐在水边，一杯一咏，非常雅兴。王羲之著名的《兰亭集序》就是当时的即兴之作。后人就把他们举行的曲水流觞活动的兰亭称为"流杯亭"。而且这个故事名扬天下，"流杯亭"也成了园林艺术的佳景。清朝康熙皇帝也曾与他的近臣们在这里举行过"曲水流觞"的活动。

文津阁是一座被白色灰墙包围着的小院落。它的南面是"曲水荷香"。北靠山峦，在平原区西部、内湖之中的文津阁

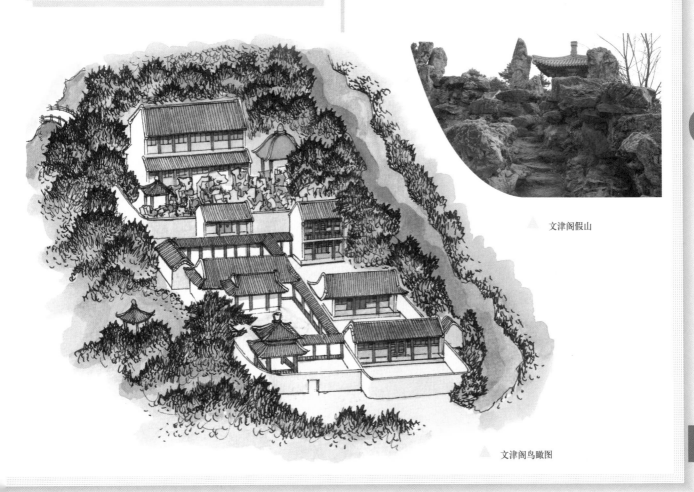

▲ 文津阁假山

▲ 文津阁鸟瞰图

皇家园林

避暑山庄

▲ 曲水荷香

小岛上。这座楼阁建于乾隆三十九年（1774年），是模仿江南宁波著名的范氏"天一阁"而建造的。它是清代重要的"四大藏书阁"之一。和北京紫禁城的文渊阁，圆明园的文源阁，

历史文化

[曲水荷香]

"曲水荷香"是一座大型的方形亭子，俗称"流杯亭"。亭内有奇形怪状的山石，而且又有淡淡的荷花香气，所以称"曲水荷香"。可是为什么又叫"流杯亭"呢？相传东晋永和九年（353年）农历三月初三，大书法家王羲之与谢安、孙绰等42人在浙江绍兴西南的兰亭举行"修禊"。他们都将酒杯放在流水上面，任其顺流而下，酒杯停在谁的面前，谁就要作诗一首。作不出的就要罚酒三杯。众人围坐在水边，一杯一咏，非常雅兴。

沈阳故宫的文溯阁合称为"北四阁"。而且也是一座独具特色风格的小园林。

文津阁从外部看是一个两层的小楼，其实是三层，中间有一暗层。因为中间的暗层没有窗户，室内进不去阳光，而且窗户的位置从外观看正好是第一层的顶檐。暗层的墙壁全部采用楠木，能防虫子咬，是藏书的好地方。另外，第一层的六大间房分为六个单间，与顶层的六间互相通透，形成一个大的空间。这是按照《易经》中"天一生水"、"地六成水"的说法设计的。意思是用"地六"、"天一"来克火。也是以此来保证这里藏书的安全。

书阁内原来藏有两部重要的丛书。一部是康熙年间的《古今图书集成》，一部是乾隆时期的《四库全书》。文津阁

▲ 文津阁藏书楼　　　　▲ 文津阁趣亭

的藏书已于1932年移至北京图书馆由国家收藏。

文津阁的院落前面有水池和假山相围绕。而且这里还有一奇特的景观，人若站在阁前的特定位置上，向南边的水池中望去，可以看见水底蓝天中有一轮明月，而当你抬头仰望天空时，却发现此时是艳阳高照。为什么会有这样的景象出现呢？原来这是造园艺术的一大发明。工匠们在池边的假山上，利用奇石的遮挡，使异形石窗洞形成一个半圆形如上弦

[文津阁院落]

这个开敞的小院内有一个砖砌的水池，水池岸边叠置了很多怪石嶙峋的山石，山石堆积形成假山，假山下面构筑成迂回曲折的石洞。树荫中掩映着一座两层阁楼式的文津阁，看似两层，实际三层，设计巧妙，别具匠心。院内绿树成荫，池水清澈，石色水光，风景优美，十分幽静，可以坐下静读，也可四顾欣赏美景。

烟雨楼碑石

烟雨楼如意洲

月的缝隙，光线可由此反射到水面上，映出一弯弦月的倒影，西南面，可以同时看到天上的太阳，真是"日月同辉"，巧妙至极。这一绝妙景观也可称得上是山庄的一大奇景。

烟雨楼位于有"塞外江南"之称的湖泊区的北部，坐落在澄湖的西南、如意洲西北的一座名"青莲岛"的小岛上。这里地势高敞，环境优美，因岛的周围有很多荷花水池，水中有鸳鸯戏水，所以旧时又称岛为"莲岛"或"鸳鸯湖"。

青莲岛三面环水，水面宽阔，又与附近的热河泉相通，烟雨时节，岛上雾气弥漫，美景一片。天时地利，造就了岛中烟雨楼的美丽景观。

烟雨楼始建于乾隆四十五年(1780年)，是乾隆皇帝十分喜欢的园林建筑佳作。当年乾隆南巡，见浙江嘉兴南湖中烟雨楼晨烟暮雨，景观奇特，非常欣赏，便模仿建造了山庄中的烟雨楼。

烟雨楼

烟雨楼在建造上虽是模仿，但却有自己的建筑特点。就它的整体布局而言，整个烟雨楼景观分布自由放松而又互相联络，充分利用建筑群的外观造型，使之错落有致，变化丰富。

烟雨楼主楼上下两层，五开间，周围有廊环绕，中间悬挂乾隆"烟雨楼"金匾。登上二楼凭栏环顾四周，楼前荷叶翠绿，波光湖影，夏日来临，花香四溢，令人心旷神怡；远观，东面有石峰突起，西面远山叠峦，南有湖水荡漾，北是辽阔平原。各处景色犹如烟云，若隐若现。

烟雨楼外假山

巧妙地将外部景观借入园中，大大丰富了烟雨楼的赏景内容。

另外烟雨楼的其他建筑不仅起到陪衬烟雨楼主景的作用，而且也各有自己的独特之处。楼下东西两侧有复廊与门殿相连接，西南有假山、亭子。一楼、一屋、一斋、三亭与假山、走廊连成一个整体。建筑不少，却丝毫不显拥挤，这也突出了当

烟雨楼全景

知识百科

[如意洲与烟雨楼]

眼前屋宇林立的湖岛是如意洲，洲上有三进院落，前有门殿"无暑清凉"，面阔五间，中间前带抱厦的殿堂是"延薰山馆"，最后面的一座建筑是"水芳岩秀"，前后带有抱厦，前五间，后三间。岛上房屋全都灰色瓦屋面，淡雅古朴。在这个湖区最大的如意洲西北方向的澄湖之中的一座小岛，名叫青莲岛。小岛四面环水，和如意洲以一座小桥相联，岛上坐落着一小组建筑，前有门屋，周围有偏房，屹立在中间的主楼就是"烟雨楼"。

[烟雨楼]

远处有林，近处有水，湖水清澈，丛林翠绿，莲开四溢，香气扑鼻。登楼可远看林莽峻岭，山峦险峰，欣赏澄湖近景，清水微风。远山近景，湖光楼影，掩映在蓝天碧水之间，闪现在绿杨嫩柳之中，犹如到了江南胜景，令人忘乎其中。烟雨朦胧，天水融为一色，化为一幅美丽的人间仙境图。

▲ 金山近景

[金山]

用"殿宇参差、高阁凌空"来形容金山的美景一点也不过分，八角攒尖的三层楼阁高高耸立在岛中央，前后建筑的不同造型各有特色，和主阁楼形成鲜明的对比，外围一圈弧形的长廊通透宽敞，将岛上的建筑围护起来。远远望去，就像一艘轮船正扬帆航行在大海之上。而登上高高的上帝阁，就可以欣赏湖面风景，夕阳西下，风光无限好。

时造园设计的高超。东院的"青杨书屋"环境优雅，是皇帝读书的地方，屋前屋后各有一个亭子，南面的亭子内有石桌，可同下棋一局或抚琴一曲，雅致有趣，坐在北面亭子可以望见澄湖全景，而且也可一睹北面草原风光。从"青杨书屋"北亭楼檐下向西，从月门可以进入西跨院，院内是三间小巧玲珑的书斋，称"对山斋"。书斋南面山顶有一座六角小亭，名为"翼亭"。亭上有石壁，刻"青莲岛"三字。登亭远看，便可将山庄外围的奇山异峰与山庄的美景融为一体。当细雨蒙蒙时，整个烟雨楼笼罩在烟云迷雾之中，宛如仙山琼楼，让

▼ 金山远景

皇家园林

避暑山庄

人不由深深体会到杜牧的"南朝四百八十寺，多少楼台烟雨中"的深刻意境。

如意洲的东面，隔湖对岸就是金山岛。"金山"二字一般都会使人联想到江苏镇江的金山寺。金山岛是经人工堆砌而成的岛屿。但又与山庄自然优势相融洽，岛上景观也是别有情趣。

金山岛东与武烈河临界，北边是热河泉，西临澄湖和上湖。依山势层叠成环抱的形式，仿镇江金山

▼ 灵泽

▲ 上帝阁

▲ 香远益清、金山、热河泉、萍香沜

寺"寺裹山"的意境建成。岛上假山陡峭嶙峋，楼阁高低错落，层次明显，突出主体建筑景观的同时又相互衬托，构成山林中一幅优美的风景画。

上帝阁是金山岛的主体建筑，也是湖区的代表性建筑，又称"金山亭"。"上帝阁"，顾名思义是为上帝建筑的楼阁，明显地突出了此阁的重要性。上帝阁耸立在金山岛的最高处，为六面体三层建筑。每层额前都有康熙御笔匾名，第一层为"皇穹永佑"，内设有祭祀的器物；第二层为"元武威灵"，而且阁内供奉有真武大帝；第三层为"天高听卑"，阁内供有玉皇大帝。两帝都是古代神话传说中的最高统治者，象征天道最高的神，就像人间的皇帝一样。

芳洲亭

[上帝阁]

玉皇大帝是天上最高的统治者，也是最高的神仙，就像人间的皇帝一样，拥有最高的权力。图中是供在上帝阁内的玉皇大帝像，只见他身穿宽松皇袍，头顶皇冠，气宇轩昂，仪态慈祥，高高地端坐在龙椅上，周围云海腾升，显得气度非凡，气势高大。神像前还设有供台，台上摆有仙桃、葡萄等各类供品，香炉内香烟袅袅，犹如仙帝下凡到人间。

萍香沜

与上帝阁相对的是面阔三间的"天宇咸畅"大殿，此殿居高临下，四周水阔天空。天宇咸畅和上帝阁西侧的"镜水云岑"都是皇帝和后妃们经常赏景的地方。"镜水云岑"为坐东朝西的五间大殿，单檐歇山卷棚式。殿前云雾缭绕，乘舟顺如镜的湖水可欣赏到环抱金山的澄湖之美景，犹如畅游在镇江金山岛的"北固烟云，海门风月"之中。

另外岛的西北角还有一座方形小亭子，亭子背靠金山岛，大部分伸入水中，前有水面倒影，后有芳草相拥，故名"芳洲亭"。芳洲亭与长长的山廊相连，将整个岛屿环绕在青山绿树之中，隔水相望，整个金山岛犹如一艘巨大的赛龙舟，正划桨前行在宽阔的湖面上。

上帝阁内景

皇家园林

避暑山庄

平原区

位于美丽的塞湖之北的广阔天地就是山庄的平原区。这里南临湖水，西北面是山麓，东至宫墙，面积约80公顷，原是蒙古牧民的牧马场。整个平原区主要分为林地和草原两个部分。站在波光粼粼的塞湖边岸向南望去，是秀丽的江南水乡美景，转身向北望去，地阔天宽，芳草连天，古树成荫，还有众多的蒙古包。一派雄伟的北国风光。

建筑景观

[万树园]

平原区的万树园虽说是园，这里却是一片树林，古树参天，遮天蔽日，远处还有山峦映照，一片野林自然景象。树荫下的蒙古包又使这里极富塞外草原的风景，据说，清朝时这里还饲养了很多小动物，充满山林野趣。

建筑景观

[万树园的蒙古包]

空旷的草地上，一座座蒙古包犹如朵朵白帆，造型美丽，设计精巧。攒圆形的蒙古包四周的毛毡上都绘有象征性图案，具有传统的蒙古族风格，既美观又大方。当时这里是用来接见蒙古族的大臣和首领的地方，而如今避暑山庄内的蒙古包是人们休息玩乐的场所。随着经济的发达，蒙古包的内部已经用上了空调，完全是现代化的设施了。

林区的"万树园"生长着很多百年参天老树，枝叶繁茂。万树园是山庄平原区中面积最大的一处景区，也是最具特色的景点之一。

万树园在平原区的中部。南面与澄湖北岸四景相邻。园中有一座石碑，上面刻有乾隆的御笔"万树园"三字。之所以称"万树园"，是因为这里树木不仅数量很多，而且树木的品种也很多。有松树、柏树、榆树、柳树、桑树、银杏树，

▼ 万树园的蒙古包

▲ 蒙古包局部

等等，都是北方古老树种。清代时，这里还有山鸡、野兔来回奔跑，林间有百鸟穿梭，特别具有山林野趣。所以当时皇帝经常来这里步行打猎，享受野宴。

在万树园的北部，有28座大小不同的蒙古包，其中最大的是御幄蒙古包，

▲ 万树园

它的直径达七丈二尺，最小的是备差蒙古包，直径为二丈二尺。碧绿草地上，朵朵白帆的点缀构成了山庄的一道美丽的风景线，形成浓郁的蒙古草原风情。

另外，万树园还是清朝时期避暑山庄内重要的政治活动场所。乾隆皇帝曾在这里接见并宴赏过厄鲁特蒙古杜尔伯特台吉策凌、策凌乌巴什、策凌孟克、台吉纳鲁库、逃特台吉阿睦尔撒纳等众多少数民族首领，西藏宗教领袖六世班禅等人，还在这里接见过英国使者马戈尔尼。并在这里设宴款待，和他们一起观看灯戏、马技、歌舞表演等，情景非常热闹。

▲ 春好轩

"试马埭"在万树园的西南部，西面隔湖与文津阁相望。这里是一片广阔的大草原，几乎没有任何建筑，"埭"就取自土坝、土岗的意思。"试马埭"，我们一听就知道这里是考核马的地方。确实如此，清朝时就在这里通过赛马对马进行考核，挑选出良马然后去参加每年一次的木兰秋狝。每当这时，这里就聚集了众多从哈萨克、拔达克等进贡来的马，群马奔驰，千蹄飞扬，场景非常壮观。

▲ 春好轩鸟瞰图

在平原区的东部万树园和试马埭的周围有许多园林建筑，如有清帝"御花园"之称的春好轩，春好轩北部不足百米处是"嘉树轩"，这是乾隆为纪念康熙培育之恩而建筑的。再往北有一座五间重层楼阁，为"乐成阁"。阁的东面便是围墙，秋天到来，登上楼阁向东望去，山庄外武烈河东岸，百亩田地，一片金黄色丰收的景象。

知识百科

[春好轩]

在避暑山庄万树园的官门南侧，有一组依山而建的园林式建筑，被称为清朝皇帝的"御花园"，取名叫"春好轩"，有春色美好的意思。正南方的门殿是三开间，两边建有围墙。门殿内的二道门也是中门，如同四合院内垂花门的形式和功能。院落的中间正厅叫广轩，五开间，左右配有厢房。广轩的后面是一座造型别致的小亭子，起名叫"巢翠亭"。

建筑艺术系列丛书

皇家园林

历史文化

[永佑寺与舍利塔]

　　这是坐落在万树园东北侧的一组建筑，由红色围墙围起来院落是"永佑寺"，蕴含永远福佑的意思。三间山门，红墙灰瓦，寺内建有大殿和钟、鼓楼，殿内供奉各方神佛。寺内高耸入云的宝塔名叫"舍利塔"，塔为八角形，八面九层都设有石拱券门，各面还有精美的石刻佛雕像。这座塔是避暑山庄内平原区保存最完整的古建筑物，在蓝天和红色寺院的映衬下，更显得挺拔俊秀，庄严肃穆。

▲　万树园与舍利塔

　　顺着"乐成阁"向西、在万树园的东面，有一座大型的寺庙，称"永佑寺"，意思是永远福佑。此寺坐南朝北，殿内供奉有佛像和八大菩萨像，另外在寺庙的后面还有高达九层的八角舍利塔，此塔是仿杭州"六和塔"和南京"报恩寺塔"的形制而建的。塔后面的御容楼里供奉已故的清帝画像。当年乾隆来山庄的第一件事就是到这里来祭拜祖辈。

　　另外，在平原区的边沿地带，从永佑寺北起，西至山麓，东沿东墙之间形成了三角形的地带。这里虽然地处偏僻，但也有不同风格的屋斋建筑或依山而建，或自成一景。变化丰富，景色优美。

皇家园林

避暑山庄

▼　永佑寺

▲　永佑寺舍利塔

▲ 远近泉声

▲ 南山积雪亭

紧挨永佑寺北面的宫墙处，建有一水闸，武烈河的水由此引入山庄，水向西流入半月湖。潺潺水声，悦耳动听。另外，武烈河水源自上游温泉水，有热河之称，流到此处仍有余波，所以称为"暖流"，康熙题此地名为"暖流暗波"。

暖流暗波的北面，是"宿云檐"、"澄观斋"、"翠云岩"三处景观，这里位于平原区的最北面，与山峦区交界。

宿云檐是一座面宽五间的大殿，由于这里地势很高，殿檐可上入云霄，故乾隆皇帝题名为"宿云檐"。

在北面是山麓、南面是弯弯的水流的中间有一座小院落，院内有面宽五间的大殿，这里就是"澄观斋"。据说，对现在数学界影响很大的著作《数理精蕴》就出自这里，当年康熙派十六子允禄率精通数学的巨儒聚集此处精心编辑，并"亲为指受，颁行天下"。

最北面的的翠云岩三间房，楹前有虚榭。背靠青山，前俯曲水，西边又与半月湖相临。山水相间，雾气飘浮。榭旁的山崖上留有康熙的"云岩"二字。当年乾隆来到此处，看

建筑景观

[山区胜景]

险峰怪石的山区内同样有奇特的景点。高高的山峰上耸立着一座双排柱攒尖的方亭，叫"北枕又峰"，名副其实，就像是枕在高峰上一样。而和它相对的山脚下的方亭名叫"南山积雪"，一南一北，一高一低，设计巧妙。两亭中间的坐落着一组建筑，前有月亮门，左有笔画窗，后有风泉满清听，并带有观月台，一组别有趣味的园林景观。

到这里的景象，作诗一首"虚榭三间面翠峰，高枝荟蔚叶丰茸。虽然已是云间候，却看氤氲翠尚浓。"

避暑山庄的丰富园林景观为我们提供广阔的欣赏空间，使我们领略到了庄严的皇家气势，陶醉于江南水乡的美景，阔心于异域塞北风光，享受到了浓郁的山林野趣。

不仅如此，避暑山庄作为清朝时期最大的皇家园林，在造园艺术上也独具个性。

首先，它的建筑布局和设计非常有特色。为了

▲ 山区胜景

达到与山庄自然山水相协调，山庄的所有建筑都自由分布，几乎没有轴线的安排。建筑大面积分散，偶尔几座小建筑聚集，分聚相宜。各类建筑大部分都是采用民间形式，石墙青瓦，自然古朴。园中建筑高低错落，十分和谐。具有江南特色的小园林，在模仿的同时又经加工、创新，形成了变化丰富多彩的南北园林特色。

另外，园中围绕自然特点，依山造林，种植各类花木达数千种。为保持与全园建筑的统一，高大的树木密林成片，稀疏点缀、烘托建筑，使整个园林呈现一派苍古景色，也衬托出皇家园林的庄严肃穆气氛。

避暑山庄利用地理优势，凭借广阔的山林、平原和湖泊等的自然条件，分别布置了山水式园林、自然风景式园林、宫殿式建筑园林等，将历代造园史上的传统园林类型在这里得到了统一再现和发展，实现自然美与人工美的完美结合，达到了极高的艺术水平，为我们现代的造园艺术提供了宝贵的经验。

逍遥自在乐其中
乾隆花园

在众多的皇家园林中，人们大多很关注颐和园、北海、避暑山庄等，而提起乾隆花园却很少有人知道。

乾隆花园位于北京故宫的东部宁寿宫建筑群的西北处，始建于乾隆三十七年（1792年），至乾隆四十一年（1796年）建成。原名"宁寿宫西路花园"，又称为"宁寿宫花园"。当时在故宫中建造这座花园是为了给乾隆皇帝庆祝六十大寿，所以后来人们都称这座花园为"乾隆花园"。

乾隆花园的平面形状是南北狭长、东西较窄，占地面积也只有6400平方米，但这里却布置了大小二十多座建筑。亭台楼阁错落有致、灵活多变，而且各类建筑都设计巧妙，造型精美。园内种植大量的苍松古柏，并配有假山叠石，形成布局紧凑，景点集中的园林景观。

乾隆花园的正门叫"衍祺门"，在花园的南面。由此门进入园中便可看见由太湖石堆砌而成的假山，假山相当于一道挡山屏一样，建在门口有"开门见山"之意。绕过左右屏障，眼前树木青翠，环境清幽，绿树环绕间是一座古朴曲雅的五开间敞轩建筑，歇山卷棚式，周围带廊，额题名"古华轩"。此轩额枋有单拱

衍祺门

乾隆花园鸟瞰图

单翘式斗栱，四面檐柱下有坐凳栏杆，上面倒挂楣子。轩内金柱中间全部安有透空的落地罩，百花图案的楠木雕镂天花，简单古朴，清香淡雅。

禊赏亭与古华轩

乾隆花园南门内

古华轩的西面是"禊赏亭"。禊赏亭是一座平面呈凸形、三面出歇山卷棚顶抱厦、中间为四角攒尖的亭式建筑。上下檐都采用三踩斗栱。屋顶全部是黄色的琉璃瓦，而且还带有绿色的剪边，色彩鲜艳。周围有汉白玉石栏围绕，栏板上雕刻着精美的斑竹图案，姿态各异，秀美生动。古时每年的阳春三月人们都要到河里去洗澡、沐浴，将旧年的灾祸全部洗去，迎来新年的好运，这种形式就叫"被襖"。在东面突出的抱厦地面上，有仿晋朝王羲之《兰亭序》中的"曲水流觞，修襖赏乐"的故事而凿成了弯曲迂回的流杯水槽，称为"流杯渠"。这里本没有水，水源从衍祺门的水井流入缸内，然后流到渠中，人们可依古人的做法，将酒杯放在水渠上，杯子可顺水漂流，到谁的面前，就要作诗，如果行动较慢，作不出来，就要罚喝一杯，表示惩罚。当然也可自流自饮，适其所好，真是别有一番情趣。

襖赏亭的对面是由太湖石堆成的假山，山上建有承露台，台上有精美的雕刻，承露台用于承接清晨植物的仙露，此承露台，是根据古人喝仙露能长寿的说法而建的；山下有曲折的山洞，在洞顶上面有双层花瓦的一个漏窗，漏窗夹在山石的石孔隙中。当阳光透过此窗射入洞中时，洞中光线变幻莫测，给人以时空邃道的感觉。

由山洞走出来便看见一个精巧别致的竹斋子，名叫"抑斋"。斋子面阔一间半，硬山卷棚式，前后带廊。是当年乾隆修身养性静坐之地。斋子西边曲折的游廊围成了一个小院，院落虽小，但院中堆山叠石，树木郁葱，也是别有一番美景。假山上一座方亭，取名"撷芳亭"。亭子的四个角翼高于南面的围墙，使围墙转角处的轮廓非常明显，自然丰富。

另外，因为这组建筑的曲廊内侧都设有坐凳栏杆，还设置了槛窗槛墙，这样可以阻挡西北面冬季刮来的寒风，使小院的环境更加幽静。由襖赏亭的北面回廊向西，弯弯曲曲，沿着宫墙的爬山廊便可到达假山。假山上有一座三开间的亭子，亭子是歇山卷棚顶，东南面分别带有

▲ 古华轩天花

[乾隆花园的建造]

据说，在宁寿宫区的建筑全部完成20年后，乾隆皇帝85岁时（1796年），他当上了太上皇。将皇帝的位置让给了他的儿子嘉庆皇帝，并举行了仪式，诏告天下。可是乾隆皇帝并没有搬到乾隆花园来住。只是在这里有过不少的活动而已。而乾隆花园的建造则是乾隆皇帝在多次下江南之后对江南园林的美景念念不忘而有意的杰作。所以花园中吸收了不少南方私家园林的特点，形成了故宫内具有特色意境的小园林。

▲ 襖赏亭

围廊。由于这座亭子背靠宫墙而建，可以迎接早晨的升起的第一缕阳光，所以亭子取名"旭晖亭"。

[古华轩]

玲珑剔透的太湖山石堆叠成高高的假山，形成一座屏障，假山后面弯弯曲曲的平整小道将人们带入园内深处。古树参天，松柏苍翠，一座面阔五间的敞轩名叫"古华轩"，轩内装修华丽，轩外古楸胜名，四周景色优美，环境怡人。

▲ 禊赏亭流杯渠

[禊赏亭]

设在禊赏亭内的"流杯渠"，弯弯曲曲，迂回环绕，当年乾隆为了模仿江南兰亭意境，在自己的花园中设置了这样一个流杯水槽，它的创意也是来源于"曲水流觞"的故事，古时的人们将酒杯放在水上，飘到谁的前面，就要作诗一首，否则便以饮酒作为惩罚，非常有趣。曲折迂回的水槽内还有清亮的流水，倒映着这里的美景，别有雅致。

古华轩的北面有一道清水墙，正对着是一座卷棚式的垂花门楼。垂花门内是一座三合院式的建筑，民居的形式自然古朴。迎面正房是"遂初堂"，堂是五开间，前后带廊，歇山卷棚式琉璃瓦屋顶。左右转角游廊与东西厢房相连接。另外，院子的墙壁都是青砖砌成，而且下面还镶有彩色的花纹台基，令人赏心悦目。整个院落简洁大方，环境清新怡人。

遂初堂后，山石起伏，洞谷相通。沿着弯曲的山崖、穿

[千年古楸]

古华轩前有一株古楸，古楸叶繁枝茂。每到春夏之交之时，树上开满洁白的花朵，繁花似锦，非常美丽。据说这株古楸在建古华轩前就有了，原计划将古华轩建在这株树的位置上，可乾隆皇帝不舍得迁移这株树，于是就保留了下来，而把古华轩建在了大树的后面。轩也因古树而得名，而且有这株大树映衬，此处的景色更加富有层次感。正如古华轩上的对联："长楸古柏是佳朋，明月秋风无尽藏"。

过狭窄的山洞，经过阴暗的隧道，蜿蜒回旋，忽隐忽现，即时眼前一亮，豁然开朗。只见山顶耸立一座方亭，居高临下，造型秀美，此亭名"耸秀亭"。站在亭中，四周景观一览无遗。远处是故宫金碧辉煌的屋顶闪烁光彩，近观是葱翠的树木，奇异的山石，交错的亭台楼阁。

▲ 撷芳亭

山北面是五开间的歇山卷棚式山顶的"萃赏楼"，坐北朝南，五开间，前后带廊，并与假山西面的五开间的"延趣楼"以游廊相连接。东南角则是"三友轩"，面阔三间，坐北朝南，三面带回廊，西面为歇山顶，东面因为乐寿堂西廊相连，为避免屋顶碰撞而改作悬山顶。"三友轩"名取自"松、竹、梅"，松寿、竹淡雅、梅清被称为"岁寒三友"。这是乾隆内心的自我演绎，也是他与自然境界的理想和谐。室内的门窗装饰也都带有松竹梅的图案，精巧细致。另外室内还设有地炕，以供冬季休息取暖。不仅有皇家的高贵舒适，更有文人的诗情雅兴。

▲ 乾隆花园假山

▼ 符望阁正立面图

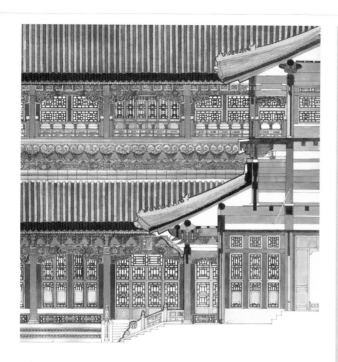

▲ 符望阁剖立面图

由萃赏楼的北廊进入一进院落。眼前一座巍峨壮丽的两层楼阁，面阔、进深各五间，四角攒尖顶式屋顶，周围带廊，这座重檐楼阁就是"符望阁"。符望阁是这座花园的主体景观，站在阁前院落内抬头仰望，可以看到东面的景祺阁和东

知识百科

[乾隆花园假山]

筑山叠石在皇家园林里十分常见，点缀在建筑与树木之中，玲珑剔透，不仅可以起到很好的装饰作用，增加园内的景致，而且还使园林更具有自然景观的特色，这些来自南方的太湖山石，奇形怪状，秀美奇特，使园林更显江南风格的意境，假山上设置的承露台又给这个小花园带来几分浓浓的仙境气息。

建筑景观

[符望阁]

符望阁建筑虽然不是建在花园的中轴线上，但却是全园中心景观。阁外的设计装饰和内部的陈设与装修自然不用多说，最特别的是阁内第一层的内檐装修，使人产生变化莫测的感觉，室内观景，会使人碰到墙壁而找不到出口的门，因此这座楼被称作"迷宫"。

南面的角楼。符望阁建在须弥座式台基上，柱子上均有海棠花纹雕刻。首层和外廊地面均由大理石铺成，黄琉璃宝顶。

楼阁房内底层都有金镶玉嵌的雕刻，装修精致豪华，富丽堂皇。阁顶天花盘龙云海花纹雕刻，气势庄严而又富丽堂皇。另外，阁内首层有很多金柱，金柱间采用各种落地罩、隔扇门窗和板墙将整个楼层隔成很多大小不同的房间，由于中间四根金柱在楼梯间，使阁内没有一点光亮，非常阴暗，各房间纵横交错，光影渗透，明暗虚实，层层变化，给人以深邃之感。致使人们进入此阁常常会忘失其间，故此阁楼有"迷楼"之称。真是要费尽设计之能事才能造出如此景象。

阁楼三层由十二根重檐金柱组成一个很大的空间。重檐金柱外面形成一个向外突出的游廊，廊上有栏杆围绕。凭栏远眺，眼界开阔。北面景山亭台隐隐显现，西面北海琼岛

▲ 承露台

浩如烟海，东南面故宫内宫殿楼院高低错落，别是一番情景。另外，阁内的布置华贵气派，装饰精致华美。北面有围屏、宝座、宝伞、宝案、香几等御用摆设。

符望阁的内部装修华丽，外部建筑气派。因此，当时的每年腊月二十一日这一天，乾隆都要在阁内设宴，款待御前大臣、蒙古王公、贝勒亲王等。

符望阁前的假山山峰上，有一座五根柱的重檐亭子。称"碧螺亭"。

由于台基五柱，重檐上下也各垂五脊，所以，亭子平面呈五瓣梅花形，翠蓝色琉璃瓦屋顶，并有紫色琉璃剪边，宝顶是翠蓝底，并配以白色冰梅雕纹。下部柱间安有白石栏板，亭内有井口天花。亭子所有装饰、雕刻以及檐廊彩绘都采用折枝梅花图案，小亭造型精美别致，颜色丰富和谐。以梅花的圣洁气质，增加了花园内高雅的气氛，整个庭园给人以明净、幽逸的感觉，突出了园林深邃的意境。

▼ 碧螺亭、养和精舍北立面

建筑景观

[养和精舍与碧螺亭]

这组建筑位于乾隆花园符望阁前面的不远处，中间的一座重檐攒尖顶小亭子，蓝色琉璃瓦紫色剪边，坐落在山石堆叠的假山之上，下面有白色的方形台基。亭子南面的养和精舍和以走廊相连的萃赏楼都是两层的楼房，但是下层都被假山挡住了。三座建筑，平面有方有圆，颜色有黄有蓝，红绿相间，突出了皇家的华丽气质。

▲ 碧螺亭东立面图

在萃赏楼的西面是养和精舍。是一座书斋，斋平面呈曲尺形，南北向三开间，东西向五开间，屋顶北面是歇山卷棚式。东面由于离萃赏楼太近，为了避免屋顶相碰撞，而采用硬山的做法。这栋建筑的上、下檐口都有檐枋、垂莲柱、花板、帘笼枋等各种装修，细致精美。斋前檐带有走廊，走廊向东延伸正好和萃赏厅相连接。使人游走方便而又别致。另外，楼斋的西南两面的后檐都是实墙，楼上走廊北端的一头架起一座石桥，犹如一道彩虹，飞虹而过便到了前面假山上，再由假山攀上后顺道而下可达玉粹轩小园。真是迂回曲折，攀岩旋转，别有趣味。

皇家园林

乾｜隆｜花｜园

知识百科

[乾隆听戏]

当年乾隆经常到这里来看戏，演唱者是升平署南府的太监们，他们唱的是一种当时在宫中很流行的小曲，以八角鼓、三弦配音，这种小曲又叫"岔曲"。乾隆非常喜欢，后来便命一些宫中的词臣按岔曲的腔调重新进行编写，当年流行一时的有《酒家闲居乐》、《山居乐》、《渔乐》、《清溪独坐幽篁里》、《采菊东篱下》等等，有上百种，在升平署的戏曲档案中都有记录。

▲ 钜亭

符望阁的后面是"倦勤斋"。一听这名字就知道这里应该是休息的地方吧！不错，此斋的位置就像是符望阁的后照房，是皇帝和后妃们休息娱乐的地方。此斋共九间，东五间和西四间没有连通，单独隔开。屋内装修如分间隔扇、落地罩、栏杆罩、床罩等都非常精致，华丽考究，完全是一幅宫内寝居卧室的布置。西四间原是乾隆皇帝听曲看戏的地方。其中在东面的一间分为上下两个层，而且两层全部都设置有皇帝的宝床和宝座。宝床的背后设有楼梯，正好可以通到东五间的上层。出入方便，设计巧妙。

▲ 遂初堂院南门

东五间的中间三间房为一个大空间，两边的两间室内设有方形乐亭式的戏台，戏台由四根木雕的柱子组成，台下是须弥座的台基，周围有栏杆环绕。戏台的后面有供演戏者上下场的出入口。而且戏台的背后和左右两边都建有精致的楼阁，楼阁和戏台被树木簇拥，美丽的花架藤萝缠绕，弯

建筑景观

[倦勤斋]

倦勤斋坐落在符望阁的后面，这座建筑一共九间，东面五间和西面四间是隔开的。灰瓦屋顶，外檐向外突出。内檐装修华丽，设置精致。东五间装修是寝室的形式，西西间又被分为两层，设计特别。倦勤斋是皇帝和后妃们休息的地方，斋内装修考究，设置精致。院落树木成荫，筑山叠石，青翠的绿草地，显得格外幽静，清新雅致。

▲ 倦勤斋院

▲ 竹香馆

弯曲曲一直蔓延到房顶。春夏季节，这里花开似锦，绿藤郁郁葱葱，将戏台装扮得像个空中的花园楼阁一样。

在倦勤斋的西边，与符望阁之间形成的院子的西边，砌有一道突出的弧形的红色墙壁，墙壁中间有几处漏窗，漏窗以黄绿琉璃装饰，上檐是黄绿琉璃，下檐是五色片彩石，色彩鲜艳。另外墙壁的中央有一个精巧的八角形的洞门，洞上额名"映寒碧"三个字。进门内，陡峭岩石堆叠成山，大片的竹叶随风摇摆，却见一座小巧玲珑、造型别致的三开间的小楼掩映在竹丛中，这就是"竹香馆"。竹香馆上下两层，上层左右两边有爬山游廊，全部采用是封闭式。顺着游廊向下与北面的倦勤斋和南面的玉粹轩相通，整个小楼红墙绿瓦，

知识百科

[矩亭]

在假山古树的掩映中是一座造型特别的古亭子，名叫矩亭，坐落在仰斋的西面，穿插在回廊中间，仰斋、矩亭和回廊三座建筑围合成一个小天井，矩亭平面呈方形，四角攒尖顶，形制奇特，是模仿江南园林建造的，取名矩亭，有方圆规矩的意思。

建筑景观

[竹香馆]

从倦勤斋天井院落顺着游廊向西望竹香馆，看到一个平面为弯弓形的的矮墙，墙上带有花边的漏窗，中间矮墙下一个八角形的门洞，从犹如画框的门洞向里观望，就像一幅精心设计的优美的图画。

周围又有假山环绕。夏日清风，沙沙作响的竹叶，淡淡的竹香，令人心旷神怡。

总的来说，乾隆花园作为故宫中的一个独立的小花园，园林的布局因地置宜、规划巧妙、层次分明、变化丰富。建筑大都以轴线布置，形成几个分隔而又互相渗透的院落。各院落建筑之间以回廊、假山、穿堂连接通畅，创造出自由灵活的空间。

另外，在突出符望阁主建筑景观的同时，各类小型建筑也是别具一格。亭台楼阁高低参差、错落有致，园中叠石假山与游廊相互环绕，竹林花草处处点缀，奇态异姿，将庭院布置的像个天宫小花园一样，呈现出一幅画面视野。

另一方面，花园内建筑的外观设计既显华丽气派而又具有江南特色的秀美风貌。主要宫殿装饰精美，色彩缤纷，金碧辉煌，和故宫华贵庄严的皇家气氛相协调，同时，园内吸收了多种自然人文情趣，显示出浓郁诗情意境，又别具园林的艺术特色。使人在感叹整个故宫盛景的同时也不忘这一角精巧之地。

▲ 从倦勤斋院看景祺阁

皇家园林

乾隆花园

御花园，明朝时期称作"宫后苑"。清代称御花园。位于紫禁城中轴线的北端，前后是坤宁门和顺贞门，是紫禁城内面积最大的花园，紫禁城内原来共有四座花园，御花园、慈宁宫花园、乾隆花园、建福宫花园（由于后来的一场火灾，建福宫花园现在已经不存在了）。

由故宫的中路过了坤宁宫便来到了御花园内，一片清雅幽静的感觉。首先看见的就是青砖卷门的"天一门"，此门为御花园的正门。歇山式黄琉璃瓦顶，两边是黄色琉璃影壁，中间镶有白色云鹤图案。雕刻精细，造型别致。门前有镏金麒麟一对，气势磅礴，道法威严。左右两边有两块奇石，海参石和诸葛拜斗石。

海参石长78厘米、高66厘米、厚14厘米。由无数条形状像海参的小石块，呈插屏样式组成石的表面，纵横交错，形象逼真。它当然不是海参化石，不过却酷似海参，而且看上去圆滑柔软，

宫中藏园美人娇
御花园

不过你用手一碰却发现其实它是相当坚硬的。

另外一块是拜斗石，这块石长50厘米、高42厘米、厚29厘米，形状像人的牙齿一样。石头呈平顶，表面分为左右两部分。左边一半是浅咖啡色；右半部则呈黝黯灰褐色。在这块石头上，有一条天然形成的赭色痕迹，表面看来，就像是一位道士身披宽大长袍、两手抱拳，面朝北面祭天拜神，很像诸葛亮。而在他的正前方，恰好有形如北斗星的雪点似的斑点痕迹。故称为"诸葛拜斗石"。真是惟妙惟肖，活灵活现。

▲ 御花园鸟瞰图

建筑景观

[御花园全园景观]

御花园南北长90多米，东西宽130多米，总面积约12000多平方米。园内按均衡对称的格局安排了大小二十多座建筑，以园北面的钦安殿为主体建筑，东边有堆秀山、摛藻堂、浮碧亭、万春亭、绛雪轩等，西边相对应的有延辉阁、位育斋、澄瑞亭、千秋亭、养性斋，各类建筑设计都极为讲究，园中亭台楼阁互相交错，珍石假山聚集纷呈，松林草木郁郁葱葱，形成了一个形式多样、丰富多彩、变化多端的皇家花园。

走进天一门内，迎面坐落在中间的是钦安殿，也是全园的主体建筑。这座大殿建于明永乐十八年（1420年），嘉靖十四年（1535年）又重新改建，到了清代又曾进行多次修整装饰，才形成了现在的样子。

钦安殿四面都是低矮的墙垣，这里形成一个独立的院落。钦安殿是一座面阔五间，进深三间大殿，殿的上顶是平顶四坡式

的盝顶，黄色的琉璃筒瓦，房脊中间有金色琉璃宝顶，四角有四条吻兽垂脊，使房顶造型非常优美。上檐是七踩斗栱，下檐是五踩斗栱。房檐内梁枋上均有金龙凤和玺彩画，精美华丽。殿基是白石须弥座，前面出有月台。月台南面连十四级台阶，中间是雕刻云龙图案的御路石，东西两台阶为十级。月台四周有望柱栏板，栏板上有龙云图案的精美雕刻，精工细致，形象生动。殿前左右两边各设有小方亭，亭子半间安隔扇，半间作敞廊，分隔细致，而且下面还设有坐凳栏杆。

▲ 御花园天一门前麒麟

建筑景观

[御花园铜麒麟]

御花园天一门前蹲坐着两只麒麟，这是其中的一只。麒麟全身镏金，双翼有鳞纹羽翅，头部雕刻繁复华丽，长须垂到肩头，只见它后身蹲卧在石台上，前腿支地，鼓胸挺腰，张口吐舌，怒视前方，威猛逼人，在古树苍荫下更显气势沉雄，风神凛然。

皇家园林

御花园

院落东南面有一座香炉，炉体呈黄绿色，琉璃瓦制成。西南方向是一座八柱重檐小圆香亭，香亭建在方形石台上，表面呈铜铸鼓形，六层莲座。造型别致精巧，小巧玲珑。香亭前当年竖立着高达八丈的旗杆，现在只有古质的旗杆夹孤独地座落在那里，杆石四面有双龙戏珠的雕刻图案。下面水盘上刻有江河湖海，四面雕有鱼、虾、蟹等，中间是马、象、蚌、螺等雕饰。个个生龙活虎，形象逼真。整个院落内有古物随意配合，殿前古老松柏的相互映衬，使整座建筑庄严肃穆。

　　钦安殿的东北侧山势陡峭，巍峨耸立，以太湖石堆砌而成，南面中间石洞门上刻有乾隆皇帝御笔"堆秀"二字，这就是园中有名的"堆秀山"。石洞内顶似穹窿，中心有蟠龙藻井。山洞东西两边各有山石台阶，可以从此攀登山顶，山顶上建有方亭，为"御景亭"。亭子四面有白石望柱栏杆围绕，

▲　御花园天一门前香炉

由于御景亭建在山顶，亭子高出宫墙，居高临下，是观景的好地方。远处可看到亭亭玉立的北海白塔，青峰翠岭的景山。俯看近处，宫中景物一一可见。

　　山下门旁左右的岩洞间，各有两尊巨型石狮。巨狮背驮着石盘，盘内雕刻有龙头喷泉，龙雕形象生动，活灵活现。喷泉里水珠飞溅，犹如天女散花，玉撒满园。真是别有趣味，不愧为御花园一胜景。

▼　钦安殿

钦安殿前古树

[钦安殿]

钦安殿属于故宫内保留下来的少有的明代中期建筑之一，大殿坐落在汉白玉的石台基上，洁白的栏板上有盘龙雕刻，栏板两边的望柱下面有排水的螭首。造型特别的殿顶和金黄色的琉璃瓦相配，华美艳丽，与檐下精美的旋子彩画相互辉映，显得颇为壮观、富丽。

历史文化

[钦安殿]

钦安殿中有乾隆皇帝御笔匾额"统握元枢"，殿中间设案台，悬挂各式各样的宫灯。殿内供奉铜镏金道教真武大帝神像。真武大帝也称"玄武一帝"，传说是北方的神灵，龟蛇状。代表二十八宿中的北方七宿。在阴阳五行中，北方属于水，为黑色，可以守护紫禁城的建筑免遭火灾。清朝时，每年的立春、夏至、立秋、冬至这里都要设置供案奉安神牌，供奉白果、黑枣、核桃、桂圆等供品，仲春的朔日（二月初一）祭日，仲秋的望月（八月十五）祭月，七月七日祭牛郎织女，皇帝、皇后及嫔妃都要来此地拈香行礼。所以钦安殿又成为宫中的祭祀场所。

堆秀山东面，沿宫墙是五开间的"摛藻堂"，此堂前出廊，悬山顶，建于乾隆年间，是御花园藏书的地方。当年乾隆皇帝在这里收藏了一万两千多册的《四库全书荟要》，并作诗记载："浮碧亭阴潇洒居，春风绦几正怡如。映窗黛郁千年树，插架荟芳四库书"。

另外，在摛藻堂的西侧有一株有名的古柏，说它有名，不仅是因为它是御花园内最古老的一棵树，而且还有一个感人的故事。据说当年这棵大树在乾隆有一次去江南的时候，突然枯死了，乾隆远在江南却总感觉有树的影子跟随身边，为他遮阴纳凉。当乾隆回到宫中以后，却发现这棵树竟又复活

御花园假山

御花园堆秀山上御景亭

111

皇家园林

御花园

▲ 御花园四角亭

▲ 御花园奇石

建筑艺术系列丛书

皇家园林

112

[御花园]

御花园位于故宫坤宁宫的北面，是皇帝和后妃们游玩赏景的园林。由于御花园建在大内宫廷中，所以它的构造和其他皇家园林有所不同，花园整体布局对称非常严谨，而且属于前朝后寝的形式。园内有殿、亭、楼、斋，建筑相对密集。另外，由于花园建造年代久远，所以园内的参天大树大多都是古老的苍松翠柏，在这深宫大殿的紫禁城中，这座花园显得尤为雅致、清新。

了。真是怪事，乾隆为此惊叹不已，心中非常感激这棵树，特地封它为"灵柏"。而且乾隆为了纪念这棵树还特别为它作了一首诗，就刻在摛藻堂的西边墙壁上，诗名为《御花园古柏行》，诗中写道："摛藻堂边一株柏，根盘厚地枝擎天。八千春秋仅传说，剜寿少当四百年……"

[御花园假山]

在御花园的西侧，在高高堆叠的怪石嶙峋假山上，由下而上曲折环绕筑有踏步台阶，台阶两边有洁白的汉白玉石栏杆，栏杆上刻有精美的云海浮雕，在峰峦叠嶂的山石和参天耸立的古树的映衬下，台阶的设置显得十分灵巧精致。由台阶攀登而上，山顶上是四神祠，由一侧下山可看到鹿圈。

摛藻堂东北墙建一单檐小方亭，叫"凝香亭"。这座小亭屋顶采用黄绿三色琉璃瓦相间铺成，色彩鲜艳。中间有馏金宝顶，四条垂脊，檐枋为精美彩画。小巧玲珑，别致优雅。

摛藻堂南面建有东西向长方形水池，池中荷叶碧绿，荷花盛开，红鱼映照。池上架有单孔石桥，桥上建亭，名"浮碧亭"。小亭面阔进深各三间，前面带有卷棚式的悬山抱厦。天花板有百花图案的彩画。中间是海棠花纹的方柱。柱子和水池各面有栏杆相围，站在亭边向下可以看到池中鱼儿嬉戏，别有情趣。

浮碧亭南面的"万春亭"。是一座三间四柱的方亭，汉白玉石台阶，四周有汉白玉石栏板相围。上檐用五踩斗栱，十二根红色柱子的圆形平面，上面是攒尖

御花园浮碧亭

历史文化

[万春亭]

万春亭在御花园的东部，是明代留下来的建筑，据说这里以前是供佛的地方。镏金铜制的华盖下有饰有火红的火焰纹，金黄色琉璃宝顶两侧还雕有龙飞凤舞图案，亭子的特别之处还在于檐下带下昂的斗栱的造型。亭子四面抱厦，整体平面呈四方形，与顶部的圆形攒尖顶相结合，正好取"天圆地方"之意。

御花园万春亭立面

皇家园林

御花园

圆顶。下檐用三踩斗栱，下层随平面呈方形，有"天圆地方"的意思。亭子中间的宝顶，由彩色琉璃宝瓶承托铜质镏华盖组成，在阳光的照耀下，光彩夺目，十分华丽。槛墙内外各采用黄绿两色琉璃砖，砖上有六角龟背纹图案。梁枋上有龙云彩画，亭内天化雕制圆形盘龙藻井，金碧辉煌，精致绚丽。亭内原来设有神像、宝龛、供案等，现在已经不存在了。

建筑景观

[绛雪轩]

坐落在御花园最西面的绛雪轩是一座面阔五间的单檐悬山顶建筑，轩平面呈方形，小巧精致，前面带有三间抱厦，这组建筑全部是金黄色的琉璃瓦屋顶，粉墙红柱白石阶，就连门窗的彩画都是"斑竹纹"的图案，搭配和谐，色彩淡雅，给人以古朴素洁的感觉，并因轩前的海棠飘雪而得名。

知识百科

[御花园内铺地]

御花园千秋亭外的铺地别出心裁。由小青碎石拼成的博古图案非常精致。有形象逼真的小花瓶，瓶中还插有鲜花，一旁的小型博古架，用来放置各古玩、器具，周围还有家具陈设，整个图案几乎是园林室内的布置，形象生动。这种设计精巧的博古图案是中国古建筑中一种常见的装饰手法，像枋檐上雕饰的彩画、花园内的铺地等。

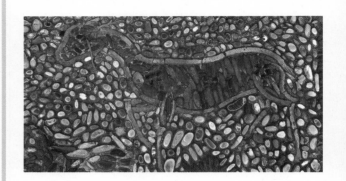

▲ 御花园铺地

▼ 绛雪轩前琉璃花坛

最南面是"绛雪轩"，这座建筑坐东向西，黄琉璃瓦顶，面阔五间。当中三开间带抱厦，平面呈凸字形。柱子、梁枋上有用墨线和金线雕饰的淡绿色斑竹图案，柱梁中间并有吉、祥、福、寿字样的图案点缀，整体看来，淡雅别致，朴素大方。

在轩前的一片空地上，有一个五色琉璃的大花坛，花坛建在长方形的须弥座台上，座台表面是黄绿色琉璃花纹，非常精细。花坛中间堆叠的太湖石，玲珑精巧，山石中间有海棠花、太平花相映衬。花开时节，花团紧簇，清香淡雅。这里就是御花园赏花的地方。另外，关于花坛中间的太平花，据说是在光绪年间，慈禧太后命人从东陵将大量的太平花移植到这里来。当太平花开的时候，花的颜色像桃花一样白，还带有一股芬芳的清香。慈禧经常把太平花别在自己的衣服上，或是插在发髻间。当时，国家内忧外患，国势动荡不安，以"太平"二字的祥瑞意境来象征国家富贵安康。

▲ 御花园扇面池

《咏木变石》："不记投河日，宛逢变石年。磕敲自铿尔，节理尚依然。"这块木变石与园门内的海参石、拜斗石并称为御花园"三奇石"。

根据统计，御花园内，除了这三块奇石以外，大约共有45座奇形怪状的山石盆景，而且大部分都是以太湖精致材料制成的山石。这些美丽的奇石盆景构成了御花内的奇异景观。为园内的景致增添了不少光彩。

建筑景观

[御花园琉璃花坛]

御花园绛雪轩前的空地上，坐落着一个长方形的大花坛，花坛下面的须弥座设计精致，中间束腰部位有二龙戏珠、龙海云翔的雕刻，纹理细密、色彩鲜艳，两边的上、下枭和上、下枋也有花朵似的雕饰。须弥座上的太湖石聚集了瘦、透、漏的湖石特点，假山石四周相围合的栏杆也是用琉璃做成的，整个花坛琉璃光亮，像一朵盛开的花朵绚丽鲜艳。

琉璃花坛前还有一段嶙峋突兀的木变石，这块石长130厘米、宽27厘米、厚10厘米，矗立在一座精美的汉白玉雕刻的莲花盆上。为什么叫木变石呢？因为，远远望去它就像是一段朽木，表面呈棕色，上面的纹路清晰可见，木头后面还有虫子蛀的小孔，但是你若是轻轻一敲，还会发出清脆悦耳的声响，非常奇怪。这是乾隆年间黑龙江大将军福僧阿进贡的一块山石，乾隆十分喜欢这块"奇特之石"，并在石上亲笔题诗一首

皇家园林

御花园

▲ 御花园延晖阁

历史文化

[千年海棠]

绛雪轩曾是乾隆皇帝非常喜欢的一处书斋，主要是因为屋前的五株古海棠。据说，轩前原来有许多棵海棠树，到了春夏季节，繁花似锦，花香四溢。满树的海棠花随风飘舞，落叶缤纷，像是空中飘浮的雪花，景色非常美妙。乾隆还命这里的管理太监们，每年都要将这些落花埋葬在海棠树根前，以示落叶归根之意。可惜这些海棠树现在已经杳无踪影了。在乾隆皇帝的诗中还曾这样写道："暇日高轩成小立，东风绛雪未酣霏。"

御花园以钦安殿为中轴安排的西边建筑都与东边互相对应，形成对景。

西边从集福宫门进去便看到"延晖阁"。它东面与堆秀山遥相呼应。此阁是一座靠北宫墙的两层楼，底层是三大间，上层是三开间，卷棚歇山顶，黄色琉璃瓦铺成，周围带廊。阁楼高出宫墙，站在阁上层，东西两面有角楼相对，向北正好可以看到景山的秀美景色。当年乾隆、道光、咸丰等皇帝经常到这里赏景吟诗，尤其乾隆皇帝作诗最多。乾隆去世以后，嘉庆皇帝将他遗留的很多翰墨珍宝都封存在这里。据说，延晖阁在清代顺治年间还是供弧仙的地方（弧仙是星名，共有九星，位于天狼星东南，因为此星形状像弓箭所以叫弧）。

延辉阁西面是"位育斋"和"玉萃亭"。位育斋是五开间，形式和对面的摛

▲ 御花园铜香炉

藻堂有些相像，不过此斋是硬山屋顶，而且前檐不带廊。位育斋的南面是"澄瑞亭"，建在一座长方形的水池上，形式与东路对面的浮碧亭相同。再往南是"千秋亭"，在外形构造、装饰色彩上都和万春亭极为相似，只是宝顶稍微有些不同。

"养性斋"意在修身养性，这里曾是皇帝休息游玩的地方，也是皇帝的小书斋。据说溥仪出宫前住就住在里，而且还在这里学习过英语。此斋位于千秋亭的南面，与东面的绛雪轩互相照应。斋平面呈凹形，正好和"绛雪轩"相对。三面檐廊，四坡屋顶，是一座面阔七间，进深五间，前后带有回廊的两层小楼阁。阁内设有各种落罩、隔扇，装饰考究，极其精致。楼阁坐西朝东，背靠宫墙，前面的大月台上摆设着各种名贵的石盆景，并带有望柱杆。整个建筑坐落在玲珑剔透的太湖假山和郁葱翠绿的树木环绕中。环境秀美，形成一个清静优雅的封闭空间。民国初年，英国人庄士曾在这里教授过溥仪学习英文。

御花园内，除了这些对称的楼阁以外，还有一些分布在周围的独立的小巧亭台。

▲ 御花园千秋亭

知识百科

[千秋亭]

千秋亭坐落在御花园的中西部，和万春亭遥相对应，两座亭子形式有些相仿。平面为四方形，重檐，上檐是圆形，攒尖顶，下檐方形，取"天圆地方"之意。檐下是精美的旋子彩画，门旁的漏窗中间开门，亭内供奉关帝神像。亭子建在白石台阶上，周围有汉白玉的栏板环绕，远眺近观，都自成一景。

千秋亭外铺地

御花园四神祠东立面

其中有座神祠,表面呈八角,前面带有敞轩,廊柱间设有坐凳栏杆。据说这里面供奉有风、雷、云、雨四位神,还有青龙、白虎、朱雀、玄武四方神仙。所以称"四神祠"。

四神祠南面有假山堆叠,假山高出屋檐,东西两面有石级可向上攀登。假山的前面有砖石砌成的观鹿台,四周有石栏围绕,两边还带有很高的呈"丁"字形的踏跺供人上下。原来这里有鹿圈,以铁栏杆围成一个场地,现在场地上的栏杆已经没有了。

御花园四神祠屋顶俯视图

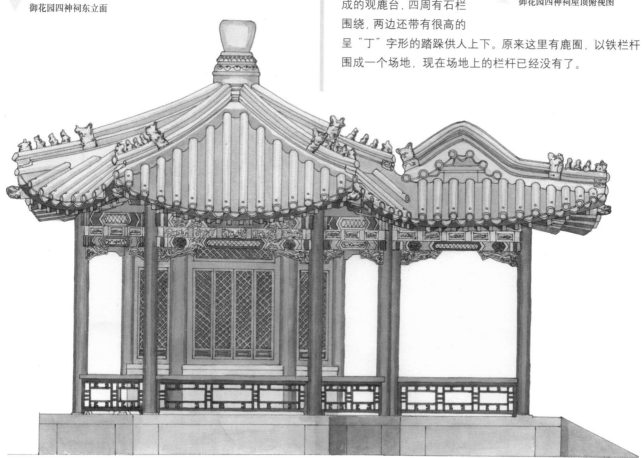

皇家园林

御花园

知识百科

[四神祠]

四神祠位于御花园西侧，与延辉阁以一片古柏相隔，遥相对应。四神祠名为祠，其实它的造型也是亭子的形状。这是一张四神祠的立面图，可以看出这座亭子为八角攒尖顶，金黄色琉璃瓦顶，铜制的镏金宝顶，由四根柱子支撑，下面有石台阶。祠内的博古图案上有青龙、白虎、朱雀、玄武四神像，象征风、雷、云、雨。

御花园内东西还各有一座井亭，是屋顶呈八角形，有四根柱子的小方亭。亭子的结构特别，由四根柱子挑出檩枋支挑着四面的枋檩，形成了八角形的造型，再由八根梁柱挑着上面的八角形井口，而且八角八条垂脊上都有合角吻，造型极为别致。两座小亭玲珑剔透、清秀精雅。

御花园内古树参天，松柏葱郁，其中柏树最多。钦安殿前有一株古柏，称"合欢树"。树的下面为一个整体，在两米高处，主干两枝合为一干，人们又称"连理树"，树下形成一个树洞，成为一个绝妙的观景框，而且人还可以由此洞穿过，巧妙至极。在花园的南边花台中，种植一棵"金丝楸"。树干分成四大二小六干。当时皇帝出征，每次占领一个地方都要带回当地的泥土，堆在这棵树的根部，堆成一个土堆，现在这里已经合成了一个花台。

▼ 御花园承光门北立面

当你漫步在御花园内，欣赏高大的楼阁，感叹奇异的山石，呼吸花草的芬芳，回味、陶醉着满园的美景的时候，千万别忘了低下头来看看你的脚下，也许一不小心你就踏上了珍奇异宝。

御花园中的地面，由青砖和彩色的卵石铺成。弯弯曲曲的石子小径上，几乎有九百多幅图案。有人文历史、建筑古物、飞禽走兽、花鸟鱼虫等各式各样的吉祥图案；而且还有《三国演义》里的桃园三结义，关公过关斩将；有《聊斋志异》，还有《西厢记》里张生会莺莺、神仙对弈等民间故事。所有这些图案都设计精美，嵌刻严密，色彩和谐，栩栩如生，仔细欣赏，不由得会为这精湛的技艺感叹不已。蜿蜒曲折的石子小路围绕整个花园，巧妙地融高大华丽的建筑、嶙峋怪异的山石及花草于一体，使整个御花园变得情趣无限、繁盛优美。

▲ 御花园鹿囿

▲ 御花园养性斋

皇家园林

御花园

历史文化

[宫中选秀]

延晖阁还曾是清代选秀女的地方。顺治年间规定，凡是满、蒙、汉八旗官员等上等人的女儿，到了13岁的时候都要到这里来参加每年一次的选秀活动，年龄超出17岁的是"逾岁"，便没有资格参加。如谁被选中，则在记名期内（一般是5年）不允许私自相亲，只有不在备选范围内的女子和未被选中的女子才能谈婚论嫁。如果应选的女子在17岁之前由于某种原因从没有参加过选秀，或是已经被选中留有牌子的秀女而很久都没进行复选或者已经过了记名期，那么这个女子就只能终身不嫁了。清代的皇后和嫔妃们都是通过选秀从八旗秀女中挑选出来的。

历史文化

[御花园殿内装饰]

御花园养性殿的室内装修精彩华美。殿内东暖阁门扇上的门头装饰，最上面的青绿色斗栱本身就是装饰，和下面的山水图案彩画相衬显得更为华丽，门上的毗卢帽金光闪闪，上面雕有盘龙和如意头纹，下面有造型别致的垂莲柱，柱头有雕刻精细的垂花头。这样优美雅致而又具有一定气势的装饰，大大增加了室内环境的艺术魅力，也使人为此精工细作的精湛技艺感叹不已！

景山是一座历史悠久、环境优美的古老园林。位于北京故宫的北面、鼓楼的南面。全园占地23公顷，建于金世宗完颜雍大定三年（1163）至十九年（1179年）。这里曾是一片茫茫原野，金朝皇帝为了在琼华岛上建大宁宫，就把挖西华潭（现北海）的淤土就近堆到东面，堆成了一座土山。到了元代，世祖忽必烈要建大都城，这座土堆便成了皇家建园的所在地，在景山北面种植花木，春天一到，绿树成荫，人们当时称这座土堆为"青山"。而且还建筑了延春阁，并在这

五龙相伴君天下

景山公园

里举行皇家佛事、道场、宴会等大型的活动。

明成祖朱棣建立明朝，定都北京后，开始在北京建筑宫殿。当时，皇帝非常迷信，便按照风水的玄武图式，把拆除旧城的碴土和挖紫禁城筒子河的泥土压在原来青山延春阁的旧基上，堆成了一座山峰，最高峰高达47.5米。以此来镇住元代故都的龙气，成为当时北城的最高点。并取名"万岁山"，也称"镇山"。而且由于山下堆有大量的煤，所以有"煤山"之称。山

▲ 景山鸟瞰图

[景山之名的由来]

清朝初年的景山漫山青翠、风景优美，已经成为皇家的"禁苑"了。顺治十二年（1655年），将"万岁山"改名为"景山"。当时顺治帝非常喜欢景山的景色，但又觉"万岁山"名字太俗，而且还是前朝遗名，便"因其形式，锡以嘉名"。"景山"二字出自古诗《殷武》中的"陟彼景山，松柏丸丸。是断是迁，方斫是虔。松桷有梴，旅楹有闲，寝成孔安"。根据商朝人曾经采伐"景山"上的松柏为武丁建造宗庙以供祭祀、怀念的故事而更名，表示对武丁的伟大功绩的仰慕之情。

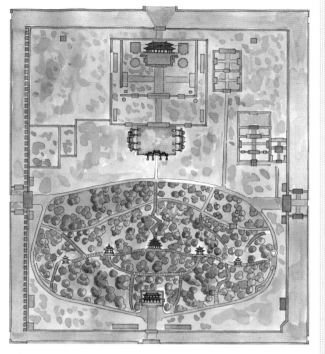

▲ 景山总平面图

知识百科

[景山公园]

满山苍翠，清幽静美的景山公园，坐落在北京城的中心区，位于故宫博物院的正北面，向北便是位于北京中轴线北端的钟鼓楼。整个园区古树参天，松柏林立，园四周有红墙环绕，光彩夺目。园中几座造型别致的亭子随意散落，各有特色，前后两座大殿掩映其中，坐落在山顶上的万春亭是观看城区景观的最佳处。

的北面建造了观德殿、永寿殿和观花殿等雄伟的建筑，并在山上广植树木。当时这里松柏成林，青翠郁葱，另外还有大面积的各种名贵果树。园内鹤鹿成群，鹤、鹿蕴含长寿、吉祥的意思，正好与山名"万岁"相照应。所以当时这里又称为"百果园"或"北果园"，成为皇帝和后妃们游玩赏乐的地方。

建筑艺术系列丛书

皇家园林

122

清乾隆时期，对景山进行了大规模的修建。首先，依山就势地在山上的五个山峰上修建了五座亭子。据《国朝宫史》记载，山上五峰"中峰十一丈六尺；左右峰各高七丈一尺；又次左右峰各高四丈五尺。峰各亭踞其巅"。其次，在山的南面修建绮望楼，在山的东北面依太庙的格局对寿皇殿进行扩建，在寿皇殿的东北建集祥阁，西北建兴庆阁。形成了以主峰上的万春亭为中心，两边亭子以"周赏亭"和"富览亭"、"观妙亭"和"辑芳亭"依次相对称的五亭布局。整个景山建筑造型多样、色彩丰富、参差变化，呈现出一幅端庄富丽的园林特色画面。

▼ 万春亭立面图

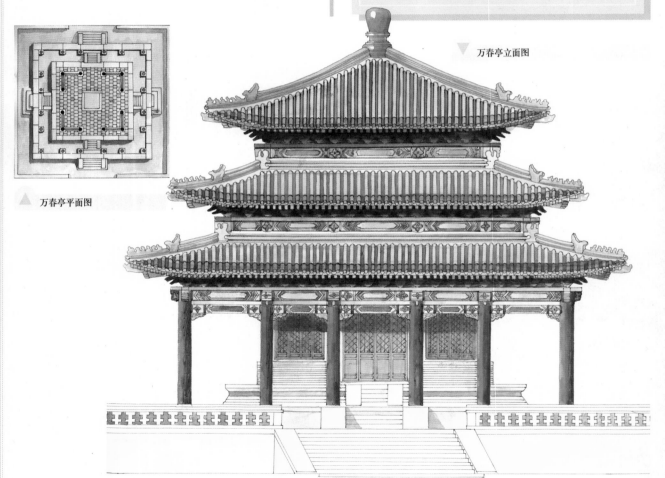

▲ 万春亭平面图

▲ 景山周赏亭

站在故宫的北门，抬头便可远远地看到景山的绿树青峰，高高的万春亭耸立在山顶，首当其中。万春亭建于乾隆十六年（1751 年）。亭高 17.4 米，柱子 22 根，亭内面积 18 平方米，三重檐，上檐和中檐均是九踩三重昂斗栱，下檐是七踩重昂斗栱，黄色琉璃瓦顶，带有绿色的剪边，四角攒尖。亭的周围带有蓝、黄两色琉璃方砖围栏。整座亭子气势雄伟，造型精致优雅。而且依万春亭为观望点，南边整个紫禁城尽收眼底；北面不仅可以看到寿皇殿的全景，而且还可远看鼓楼美景。成为当时北京城内的最高点。

建筑景观

[从景山万春亭看故宫]

景山是一座很特别的皇家园林，站在景山的最高峰上，可以鸟瞰北京城的全景。从万春亭内放眼望去，故宫的排排整齐的宫殿都能看到，拐角处的城角楼、红色的墙壁、围城而流的护城河及河外围的建筑，所有景观尽收眼底。

万春亭的东西两侧是"周赏亭"和"富览亭"，分别坐落在半山腰处。两座亭子的形制有些相似。平面都是呈八角形，内外两槽柱子，各八

◀ 万春亭里供奉的遮那佛

▼ 由万春亭看故宫

皇家园林

景山公园

▲ 景山周赏亭藻井

根，重檐攒尖顶，上、下檐均为重昂斗栱；蓝琉璃瓦顶，带有褐色的剪边，檐上有吻兽和仙人。色彩和谐，造型别致。妙芳亭五座亭子内原来分别供奉有佛像，后来由于八国联军的入侵，现在只剩万春亭内的毗卢遮那佛了。

山间小路别具情趣，枝叶茂盛，林荫道清幽寂静，山路石阶旁还有山石相叠。这里种有许多珍贵的白皮松树，其中最老的松树已有六七百年了。不远处一座圆形的蓝琉璃瓦亭子名叫"周赏亭"，掩映在树荫之中，花草相间，相互辉映。

景山上以五座亭子最为出名，除了中间的万春亭外，其他四座亭子的造型各有特色，而且都两两相对成景。这座富览亭和周赏亭的形制几乎一样，圆顶重檐，上檐七踩重昂斗栱，下檐为五踩单昂斗栱，檐下彩画细致精美，内外八根柱子，形成中间圆形的空间。

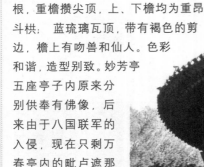

▲ 富览亭

"观妙亭"和"辑芳亭"两坐亭子的形制也基本相同，都是绿琉璃瓦圆顶，带有褐色剪边，造型设计非常精巧。

五座亭子依山势形成高低错落、层次分明的阶段布局，相互辉映，协调一致。各亭间绿柳成荫，花草相间，叠石点缀，成为景山景区的主要景观。

坐落在山脚下南门内的"绮望楼"，是一座两层高的阁楼，建于乾隆十四年（1749年）。坐北朝南，中间木匾上额名"绮望楼"，用满汉两种文字书写，正面三间周围带廊，歇山重檐顶，黄色琉璃瓦铺成，脊、梁、架上有雕饰的彩画，精致优美。楼前的围廊加汉白玉栏杆，通面阔20米，通进深12米，里面供奉孔子神位。站在楼前空阔的小广场中，仰看绮望楼巍峨庄重。登楼仰视，整个景山青松翠柏，景色怡人，心境开阔。

下楼由此向东，路面青青，绿树成荫。和其他园林不同的是，这里依山还建有精美的影壁宫墙，将陡峭的山石与园

▲ 绮望楼

富丽堂皇的"寿皇殿"坐落在山的东北面，此殿坐北朝南，东、西、南前面各有四柱九楼的木牌坊三座，面阔是16.2米。黄琉璃瓦筒瓦顶，吻兽仙人檐，雕刻和造型都极为华丽、壮观。寿皇殿正殿为九间，左右山殿各有三间，东西配殿各为五间，另外还有碑亭、井亭各两座，神厨、神库各五。此殿专门用来供奉皇帝祖先的遗像。在每年初一和四时节令、节气日辰，皇家的子孙都要来此祭拜。这里的建筑不仅辉煌肃穆，而且布局也非常严谨。寿皇殿的西北有

内景观隔开，创造统一的园林景色，给人以和谐的感觉，这是当时建造设计者的巧妙用心。在弯弯曲曲的上山口处立有一棵歪脖子树。据说它就是当年明朝末代皇帝崇祯上吊的地方。这是发生在1644年的事：当时李自成起义军攻入北京城，崇祯皇帝见到国家已危在旦夕，便仓皇逃出宫，来到此地，自缢身亡。后来还截去这棵槐树的主干，只留下半身，也以此象征当年"断头"的故事。

[绮望楼]

绮望楼坐落在景山的南门内，依山而建，高大巍峨。楼坐北朝南，面阔五间，歇山重檐顶。楼前有汉白玉石栏杆环绕，一块空地宽敞开阔，楼后高山映衬，山顶塔影若现。

▲ 景山崇祯皇帝自缢处

▲ 从景山万春亭看寿皇殿

皇家园林

景山公园

▲ 寿皇殿前牌楼

另外，在观德殿的前方还有一处美丽的牡丹园，花开季节，满园飘香，与整园的参天古柏互相点缀，使整个景山充满浓郁的园林的气息。

纵观景山全园，虽然没有明显的皇家豪华气派和自然山水的美丽风光，但园中以五亭景观以及与佛、儒、道家的完美结合，形成了具有深刻思想内涵的园林特色。并由于它地处北京城内，紧临紫禁城，又与北海相邻，地位显著，又是明清两代皇帝经常进行各种活动的场所。所以景山也是北京城内皇家园林建筑不可缺少的一部分。

▲ 寿皇殿前石狮

建筑景观

[寿皇殿前牌楼]

寿皇殿前的木牌坊设计精美，造型华丽。九楼四柱三间式，黄琉璃瓦顶，牌面上有优美的旋子彩画，还有云龙图案的雕刻。北面匾额题为"昭格惟馨"，南面有匾额题为"显承无斁"，在阳光的照耀下，光彩夺目，五彩缤纷。

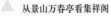

▲ 从景山万春亭看集祥阁

兴庆阁，东北面有集祥阁，寿皇殿东为永思门，门内是永思殿，是清代帝后停灵的地方。相邻的是观德殿，观德殿为黄琉璃瓦硬山顶，是一正两厢三合院的形式。再往东为护国忠义庙。庙内有一个关公立马的雕像，并悬有御笔"忠义"匾。这里的建筑在清代时是颇具有代表性的。现在已经成为北京市少年宫了。

▼ 景山观德殿

圆明园位于北京西郊海淀以北，是清代三山五园中的重点建筑。1860年八国联军入侵进行了极疯狂的掠夺和破坏而沦为一片废墟。不过从现在保存下来的遗址以及堆山、河湖水系以及大量的文献资料我们可以看到圆明园昔日的辉煌。

圆明园与长春园、绮春园共称为圆明三园，是一个以水面为主的大型人工山水园。园中大小水面相互穿插，湖泊曲折环绕。形成具有自然风格和生活情调的自然湖泊景区。各

万园之园论沧桑

圆明园

湖泊之间大部分以土堆和假山及各类建筑相分隔，形成山回路转、层叠相间变化丰富的自然空间。这里不仅有庄严的宫殿建筑、皇家仙境的蓬莱仙岛、方壶胜景等景点，还有表现农家民俗的北远山村、多镶如云及书卷环境的碧桐书院等等。各类建筑与山水环境融合在一起，相互映衬，变化无穷，视野开阔。这种组合方式充分体现了圆明园在建筑方面的艺术生命力。

圆明园长春仙馆

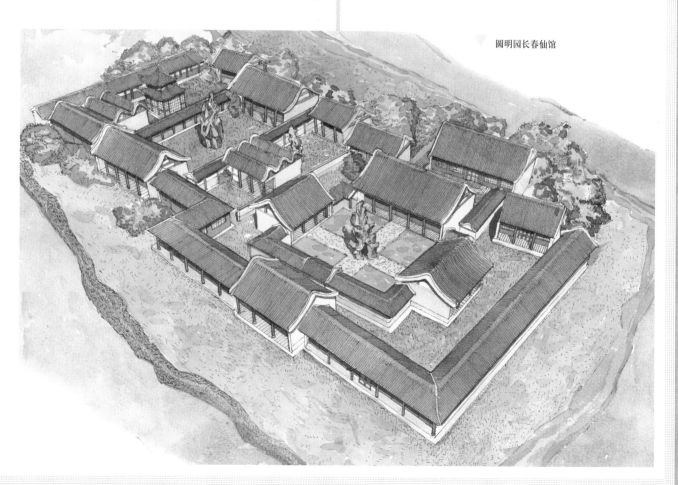

皇家园林

圆明园

当年建造园明圆前，乾隆几次南巡，将江南的美景胜地命画师描摹下来，成为圆明园建造的题材。园内大量借鉴江南水乡的人文景色和宅院建筑，建造了许多著名的园中园，如仿杭州西湖的三潭印月、苏堤春晓、平湖秋月、茜园、如园、紫碧山房等各类优美景点。将北方的传统建筑与南方的艺术意境在这里进行了完美的统一和再现，并经人工的提炼加工，形成了优美的水态环境，这也是圆明园造园意境的魅力所在。

▲ 圆明园远瀛观石雕

▲ 圆明园长春园远瀛观遗址现状

另外，圆明园内还有异国风格的西洋楼建筑，建筑上采用西洋式、古典式券门等，使建筑立面完全改观。这是中国传统建筑、园林艺术的新的尝试，体现了中西园林艺术的融合，也为中西文化的交流作出了巨大的贡献。

不仅如此，当年圆明园内各类珍奇异宝不计其数，还有不能用价值来衡量的大量文物珍宝，是举世闻名的"万园之园"。

圆明园的历史与国家民族的命运紧密相联，随着国家近几年来不断的修缮，相信圆明园会以一个崭新的形象迎接美好的明天。

历史文化

[圆明园大水法遗址]

大水法曾经是圆明园内西洋楼前最为壮观的喷泉，很像门洞的石龛造型，下面还有设置成狮子头的喷口，向下形成水帘洞景象，泉水注入下面椭圆形的水池中，池塘内还设有梅花鹿和铜狗，水从上而下，溅起浪花无数，非常美丽。当年，皇帝经常坐在这里欣赏喷泉美景。

历史文化

[圆明园方壶胜境]

根据绘画和诗文意境创造的圆明园是汇集了天下胜景的"万园之园"。园中著名的方壶胜境风光无限。广阔的福海水面上建有三座楼阁，形成"仙山楼阁"的画面，象征着东海的蓬莱、方丈、瀛洲三座仙山。海东岸有接秀山房，西有曲院风荷。主体建筑是一组规模宏大的殿宇楼阁，壮观巍峨，气势恢宏。

▲ 圆明园长春园远瀛观大水法遗址现状

▼ 圆明园方壶胜境

皇家园林

圆明园

纵观整个中国园林的营造历程，皇家园林在整个园林历史舞台上占有相当重要的位置。其精湛的造园艺术在中国造园史上颇具有代表性。皇家园林无论是从总体气势、建筑质量、文化情趣、还是内容形式上都具有很高的价值，以下将从几个方面对皇家园林进行分析和探讨。

浩瀚皇国神韵满天
皇家园林艺术特色

的加工改造，突出地貌景观的开阔，保持并发扬山水植被形成自然生态环境的景观。

如颐和园浩如烟海的昆明湖，气势磅礴的万寿山，巨大的建筑群依山势分布，组成极为壮观的赏景画面。不仅如此，居高临下的地

▲ 颐和园长廊彩画

独具壮观的建筑规模和总体气势

大型的皇家园林多选址在自然条件优美、基地广阔的地区，利用得天独厚的地域优势及湖光山色的美景，进行精心

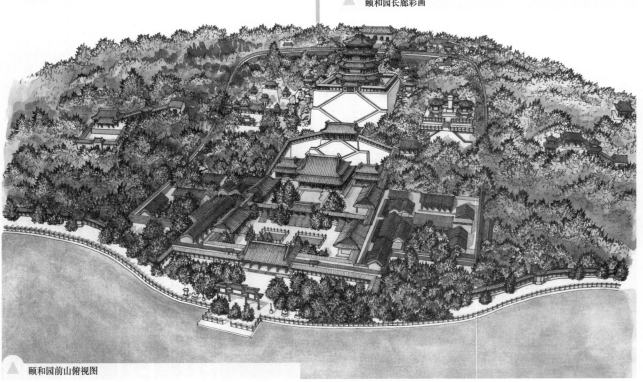

▲ 颐和园前山俯视图

历史文化

[颐和园长廊彩画《孔融让梨》]

在颐和园近百米的艺术长廊上，雕刻有各式各样的精美苏式彩画，五彩缤纷，美不胜收。颐和园长廊故事数量多达200幅，有神话故事、历史演义、民间传说等，丰富多彩的故事情节，深刻地反映了我国古代劳动人民的勤劳和智慧，传神地再现了我国古代文明的艺术精华。

▲ 颐和园乐寿堂长廊

建筑景观

[艺术长廊]

皇家园林大型山水园内的宏大雄伟的单体建筑与整园的气势相协调，突出了整园的规模气势。如颐和园内的彩绘长廊是驰名中外的建筑，总长达到七百多米，由近三百间游廊组成，而且每根枋上都绘有精美的苏式彩画，总计共有14000余幅。整个长廊像一条彩色的丝带相间在万寿山南坡和昆明湖边。如此完美的规划布局形式恐怕也只在皇家园林才具备吧！

势为登高的皇帝提供了可饱览全园景色的场所，而且还可将远处景观吸纳入园中，这种借景的方法拓宽了园景的范围。

避暑山庄的庞大山势和广阔的平原区，分别融北国山峦、塞外草原、江南水乡的风景名胜于一园之内，整个园林就是一处兼具南北特色的风景名胜区。不仅如此，设计者还借用宫墙外围四周大片区域增加园内的景观，拓宽了视觉空间。这些恢宏的气势都是私家园林所不具备的。私家园林大多都是依自然环境建造，人工移山填海的工程基本没有。而且在建园前园林的选址和景区规划以及景物布置都要事先计划，以节省营造的费用。园内的亭榭楼阁建筑和叠山筑水只是相互搭配点缀，绝对不以让人极目远眺的大的气势取胜，和皇家园林的严谨统一相比之下尽显随意自由。

另外，位于颐和园万寿山西麓湖岸边的石舫，独特的造型和内部华丽的装饰成为园中最著名的点景建筑之一。虽然江南的园林中石舫的造景

▲ 颐和园长廊

也十分普遍，如苏州园林中的香洲舫及狮子林石舫等。但在中国古典园林舫类建筑中，颐和园中的石舫堪称体量最庞大，造型最精美，工艺最精湛。远远望去，仿佛是一条巨大的楼船停靠在昆明湖岸边，又像是一条正待远航的巨轮，顺着浩瀚的湖面便可漂洋过海……

皇家园林不仅规模建筑宏大，而且布局设计也非常严谨，与素雅清秀的民间园林大不相同。园中采用宏大的宫殿或宗教建筑群作为主体建筑，突出表现皇权至上的思想。大多以规整的左右对称式布局或突出轴线。这样不仅突出了园林中主宫殿的气势，而且政务性的建筑物基本上都是平衡布置。除此之外，在一些皇家园林中，在大的总体布局上也考

皇家园林

皇|家|园|林|艺|术|特|色|

▲ 颐和园望玉泉山

▲ 避暑山庄石矶观鱼

琉璃瓦屋顶，采用硬山、悬山、歇山、攒尖、盝顶、重檐、勾连搭等多种形式，有的房顶还有铜制镏金的宝顶，精美华丽；在色彩上也是精心调配，大多交替使用了黄、绿、蓝、紫等各色琉璃瓦。屋檐装修及家具布置均采用名贵的木料，室内大多有隔扇、落地罩、裙板，用料考究，嵌玉镶金，雕镂精细，高贵豪华；大部分建筑前带有洁白的汉白玉石栏杆及基台；建筑檐枋上雕刻丰富精美的彩画；体现出皇家园林的豪华气派和非凡的气魄。

虑均衡或对称，最明显的例子就是颐和园万寿山的景观，在突出佛香阁主轴线建筑的同时，西侧布置了罗汉堂与宝云阁，东侧为慈福楼与转轮藏，分别构成两条次轴线，更加强了中央轴线的气势。突出表现出帝王世家惟我独尊的气势。与江南园林的小巧玲珑，自由分散的形式形成了鲜明的对比。

园林建筑的审美观念

皇家宫廷艺术的发展直接影响了皇家园林建筑的审美观念。皇家园林的各类建筑具有丰富多彩的装饰，表现出雍容华贵的皇家气氛。尤其是内廷宫苑，亭台楼阁大都采用大式

▲ 颐和园排云殿

不仅如此，园中的摆设也是极为丰富，除了有姿态各异的太湖石外，还有千奇百态的珍贵盆景点缀。园林中还有镏金的铜狮、铜象及铜香炉、铜缸、玉瓮等。

皇家园林内的铺地也是特别精致。大多是方砖墁地，方正、细密、平整，特别是建筑的室内地面，甚至有大型主宫殿还用金砖铺成，光滑平整，耀眼夺目。花园内还有小石子路，如故宫御花园的地面，由小石子构成了不同图案的小石

[颐和园仁寿殿]

位于颐和园东宫门内的仁寿殿，原名"勤政殿"，建于1750年，光绪时重建，改称仁寿殿。仁寿殿内装修与陈设在皇家宫殿建筑中具有一定的代表性。殿内高悬的金字匾额"寿协仁符"闪闪生辉，正中间摆放着金黄色的皇帝宝座，由名贵的紫檀木雕刻而成，座背上雕有九条金龙，周围有掌扇、炉鼎、鹤灯等各种陈设，室内周围墙壁上悬挂着各种山水图画和文人墨迹，在殿顶优美天花的映衬下，呈现出一幅至尊华贵，庄重肃穆的气势。

颐和园仁寿殿内景

颐和园排云殿内景

子路，内容丰富还有故事情节，图案中的一草一木、人物、器具都镶嵌得非常严密，而且形象生动，其精工细作的技术令人叹为观止。而南方的园林建筑大多都是灰瓦白墙，以青、黛等淡雅的色调为主，营造出幽深、宁静、归隐山林的情致。与这种素雅、朴拙的风格形成鲜明对照，五彩斑斓、瑰丽多姿的风格是皇家园林所独有的。

建筑景观

[御花园内铺地]

皇家园林作为皇帝和后妃们游玩赏乐的地方，园内建筑、山水、花木都经过精心的设计和构造，就连脚下的地面都是用心铺就而成。相对来说，这种精致的铺地在南方的私家园林则较为常见，但皇家园林多以崇尚自然和谐的气氛，而以这种多彩的设计来丰富园林中的景观，以达到文人园林的意境。由滑润的小青石铺成的地面，构成了各式各样的图案和花纹，一草一木，一花一瓶，都镶嵌得那么逼真，生动传神，立体感强烈，给人以美感，精工细作的技艺令人叹为观止。

御花园千秋亭外铺地

▲ 颐和园谐趣园园景

园林意境的设计

皇家园林在突显皇家气派的同时也注重园林意境的设计。尤其是乾隆时期，皇家园林摹仿江南造园的技术水平达

▼ 避暑山庄文园狮子林

建筑景观

[避暑山庄湖景]

在气势磅礴的皇家园林中，自然美景随处可见。碧波荡漾的湖面开阔清凉，荷池飘浮着淡淡香气，湖边的低柳和山间的古树相映交错，互相成荫，远处的高山若隐若现，共同构成一幅优美的世外桃源画面。

到了高潮，这就大大地丰富了皇家造园的内容，也突出了园林的诗情意境。

首先是引进了江南造园的手法。在保持皇家建筑的传统风格的基础上大量添加了游廊、亭台桥榭及粉墙、漏窗、洞门等江南常见的建筑形式。大量采用南方的太湖石堆叠假山，还种植了南方的许多花草树木。开拓了宫廷园林内的民间艺术领域，使庄重肃穆、精美华丽的皇家园林充满了自然

朴素、清新淡雅的诗情画意。

　　其次,再现了江南园林的主题,建造了许多著名的园中园。

　　众多大型的皇家园林里面的许多景点,都是对江南园林的主题进行再现。例如,避暑山庄内的"狮子林",通过以假山叠石与高深树林相结合成景,形成了山庄内一个别具自然情趣的景点。狮子林原是苏州的名园,元代画家倪云林曾绘《狮子林图》。当时乾隆南下,曾三次游览此园,对园中景观十分喜欢,并带回画样作为自己建园的模本。虽然建成后的园林与江南的原型并不是完全一样,但意境主题却是一致的。此外,避暑山庄的金山亭和北海琼华岛北岸的漪澜堂,分别再现

　▲　避暑山庄金山

建筑景观

[避暑山庄金山岛]

　　金山岛上的建筑是模仿江苏镇江金山寺而建,素有"小金山"之称。岛上主体建筑"上帝阁"居高临下,右边是"天宇悬畅",前边是"镜水去岭",一周有曲廊环抱,整体建筑相配协调,对比分明,四面水阔天空,树木苍翠,充满浓郁的自然情趣。

皇家园林

▲ 颐和园南湖岛鸟瞰图

建筑景观

[颐和园南湖岛]

　　南湖岛上的主体建筑涵虚堂建在岛的最边沿，北部面临昆明湖，正面向南，面宽五间，后面带有三间抱厦，四面出廊。沿湖的这一面下部有石台基，台基上设有洁白的汉白玉石栏杆。前面向湖面上延伸有台阶，可以乘船游览，亲近清凉的湖水。拱券门形的门墙两边有石阶，登阶而上，对面的万寿山清晰可见，湖面风光一览无遗。

园林更具有诗情画意的情趣。除此之外，更突出的是皇家园林借鉴南方名园的全套设计，在园中仿建形成使之别具一格的园中园。这种摹仿往往经过升华加工和再创造，结合具体地形，以一组建筑或是围成一个庭院，或自由布局，以不同的园景主题构成独立的，主题摹仿江南某园的小型风景式园林。如北海的静心斋、濠濮涧，避暑山庄文津阁仿宁波天一阁及青莲

▲ 避暑山庄烟雨楼

　　了镇江金山寺"寺裹山"的意境和北固山的江天一览的胜景。另外，颐和园的长岛小西泠一带，是模仿扬州瘦西湖四桥烟雨；南湖岛上望蟾阁是仿武昌的黄鹤楼，等等，这样的实例还有很多。这样采用南方园林景点的一个主题而创造出多种不同的景点，大大丰富并扩大了皇家园林的造景内容，同时也使

岛上的烟雨楼，仿浙江嘉兴烟雨楼；都是别具匠心的南方自然美的再现。而最为著名的则是颐和园内仿江南无锡寄畅园而建的谐趣园。园中假山水池，美石嘉树，亭台相绕，游廊曲折，水流潺潺，使人陶醉，清幽雅静、自然古朴的意境将江南的优美情调融入北方的园林境界中，使皇家园林的庄重气氛得到轻松释放。所有这一切都是皇家园林诗情画意的生动体现。

丰富多样的建筑形象及象征寓意

▲ 颐和园德和大戏楼

凡是与皇家帝王有直接关系的建筑莫不利用其形象和布局作为一种象征的艺术手段，如宫殿、坛庙、陵墓等。而园林作为皇家建设的重点，在表现其皇权至尊、等级观念、上天感应、神灵象征上更为突出，形式更为丰富。

高大雄伟的宫殿是皇家园林中不可缺少的主体建筑。宫殿区作为皇家御园的建设重点，主要用于处理重要的政务或是举行大型的庆典活动。宫殿的建筑气势和规模都极为宏大，而且整个建筑群的布局缜密，庄重肃穆，完全区别于园外民居建筑，以此显示出皇家的气魄。而江南园林中的建筑大多为小巧的亭台楼榭，以突出情趣和别致为主。

皇家园林内的建筑丰富还表现在大型戏楼的建造。最为著名的有两处：颐和园内宫殿区的德和园大戏楼和山前西坡的听鹂馆。

[颐和园大戏楼]

德和园大戏楼位于颐和园内万寿山南面，昆明湖东宫殿建筑区内。德和园大戏楼是我国目前保存最完整、规模最大的古典戏楼建筑，大戏楼高达21米，三层重檐，气势辉煌。它的建造既吸收了我国民间戏楼的特点，又具有皇家宫廷建筑的特色，极大地丰富了皇家园林的建筑景观，具有重要的历史价值和艺术价值。而且，这座大戏楼对我国著名的京剧艺术的发展有着很大的影响。

▲ 颐和园听鹂馆

▲ 颐和园知春亭

德和园戏楼的建造主要是为了满足慈禧看戏的需求。此楼建成前后用了3年的时间，耗费白银71万两。其规模是清代戏楼中最大的一座。

听鹂馆是颐和园内的戏台，坐北朝南，是乾隆皇帝专为其母后看戏建造的。后来又经慈禧改建，它的规模和档次虽不能和德和园戏楼相比，但也因其小巧而别具特色。

除此之外，皇家园林里面有许多以建筑形象结合局部景区构成的神奇古怪的摹仿。如有历代相传的蓬莱仙岛、仙山琼阁，神话故事男耕女织、银河天汉等。利用这些典故或传说来命景，并通过对联、石刻等文字形式来表达出帝王的英名圣德和对盛世太平的歌颂。

皇家园林内还建筑了大量的寺、观、庙宇。并且大部分还成为皇家园林内的主体建筑。比起一流的佛寺来其建筑规模一点也不逊色。尤其是清朝时期的皇家园林，几乎每一座园林内都有不止一处佛寺。有的佛寺成为一个景区的主要景点，甚至还是全园的重点和中心。如颐和园的主体建筑佛香阁及后山须弥灵静佛教建筑群，北海琼华岛上白塔及两大寺庙建筑等。这种选用宗教建筑进行造景的手法，是王朝统治阶级以标榜自己尊佛来巩固自己的统治地位为目的的，而且还可以借此团结各少数民族达到民族大团结的政治局面。

▲ 从北海万佛楼石碑看琼华岛

▼ 颐和园佛香阁与须弥灵境

在这本书完成之际，我才感到如释重负，松了一口气。我对皇家园林有浓厚的研究兴趣，曾多次赴欧洲寻访众多的皇家园林：法国园林的浪漫与温情，奥地利园林的精致与典雅，意大利园林的古老与神秘，荷兰园林的质朴与单纯等等，其内涵都留给我以长久的回味与陶醉。那些从古希腊时代开始建造，保存至今的皇家园林曾使来自于古老东方的我深深地惊叹，感动于它们华丽而充满异域文明气息的同时，也使我开始重新审视和定义中国古代的皇家园林。

我和这套丛书主编王其钧先生是南京艺术学院的先后校友，他的建筑学和建筑理论方面的知识深深吸引了我，和他的相识，使我拓展了眼界。这些年我参与了不少国内外环境艺术和城市景观设计，并指导研究生开拓设计理论的研究。这本书是应王其钧先生之邀编写的。在编写过程中，我遇到不少理论方面的具体问题，王其钧先生都能给我十分有效的帮助与指导，这是我要特别感谢的。

我还要感谢中国建筑工业出版社张振光主任给予我的大力支持。

感谢我的学生赵婧、吴曼、赵晨洋在本书编写过程中给予的帮助。

参加本书照片拍摄的还有：王其钧、谢燕
参加本书插图绘制工作的还有：王其钧、胡永召、唐琼慧、郝升飞、张栓彬、李平磊、文青、石磊、陈栋、张鹤青、金园、李仁、蒋国清、林聪、缪正、周鹏、黄海、舒鸿、王丽霞、刘景波
参加本书资料收集、抄录、整理工作的还有：李文梅、王晓芹、杨飞、谢娟、卜艳明、马会智、吴亚君、暴彦丽、张瑞清、高晶晶、盛艳艳、刘艳、祁玲玲
参加本书版式设计工作的还有：刘薇（刘桂华）、陈奎、谢燕、王雪辉、李秀云、吕怀峰、郑杰、王乐乐、李玉华、王其钧
参加本书编务工作的有：屈巧琴、李森林、张光碧、张小艳、刘彩云、雷艳玲、郑平、李增子、张美丽

在此一并列出表示感谢！

丁　山
2006 年 7 月
于南京林业大学